U0094990

可能之域

無庸置疑，我們的社會正經歷深刻危機。生態紊亂、社會排斥（exclusion sociale）、自然資源無限開採、泯滅人性瘋狂逐利、不平等日益嚴重——這些是當代問題的核心。

然而，世界各地都有男男女女圍繞著種種原創和創新的倡議行動組織起來，盼望為未來帶來新的展望。解方是存在的，前所未見的提案在地球四處誕生；它們往往規模微小，但無一不是志在發起一個改變社會的真正運動。

重燃生之燼火

RAVIVER LES BRAISES DU VIVANT

UN FRONT COMMUN

BAPTISTE MORIZOT

在人類世找回環境的自癒力

巴諦斯特・莫席左——著
林佑軒——譯

目次

推薦序

永不投降：讀《重燃生之燼火》

洪廣冀（國立臺灣大學地理環境資源學系副教授）

為何要保護自然？

一九一四年，法國第一個國家公園於雅桑（Oisans）成立，為今日艾克蘭國家公園（The Écrins National Park，一九七三年成立）的一部分。雅桑位於阿爾卑斯山東南部；法國最高峰巴爾代克蘭山（Barre des Écrins）便位於此地，以其高山、冰川景緻著稱。此法國首座國家公園的目的為「保育且保護動物相、植物相、風景地與獨特的地質與水文構造，免受人為之破壞、引發的退化或毀損」。以雅桑的國家公園為起點，今日的法國共有十一處國家公園，歸生物多樣性辦公室（Office français de la biodiversité）管轄。按照官方統計，這十一處國家公園的總面積超過五百萬公頃，相當於法國國土的百分之八，每年吸引超過一千萬名遊客。

論及「國家公園」（National Park），我們大概會想到全世界最早成立的黃石國家公園（Yellowstone National Park），於一八七二年成立。我們大概也會想到美國國家公園的核心概念——荒野（wilderness），即無人碰觸的自然，有其不可或缺的精神價值與神聖性，得由國家以強制力予以保護。從「荒野」出發，我們大概也會聯想到約翰·繆爾（John Muir, 1838-1914）、奧爾多·李奧帕德（Aldo Leopold, 1887-1948）等自然保育史上赫赫有名的人物。繆爾提倡自然的保存（preservation），與當時林業界大老吉福德·平肖特（Gifford Pinchot, 1865-1946）的「保育」（conservation，核心思想為「為最多人在最長時間裡爭取最大利益」）互別苗頭；他鍥而不捨地推動如優勝美地國家公園（Yosemite National Park）的成立，有著「國家公園之父」之稱。李奧帕德則以《沙郡年紀》（*A Sand County Almanac*）聞名於世。出身林業界、專長為野生動物管理的他，在生涯後期，卻逐步遠離保育陣營。他認為人們得「如山一樣地思考」，以整體且動態的觀點思考自然，乃至於自然與人類的關係。

由於前述國家公園、自然保存、如山一樣地思考等關鍵詞如此深入民心，我們大概不會想到，這些關鍵字其實都是特定時空脈絡下誕生的產物。更具體地說，這些概念相當「美國」：當我們思考其他社會與自然的關係時，不僅不能套用這些源自美國的概念，更不用說仰之為某種黃金標準，度量這些社會到底重不重視自然，且有無採用合適的手段保護自然。巴諦斯特．莫席左（Baptiste Morizot）的《重燃生之燼火》（*Raviver les braises du vivant*）便是要提出一個不同於美國的自然觀與保護手段。這位曾在國家公園中追蹤野生動物的法國生態哲學家，在這本書中，要回答的問題是：劃出一塊區域以保護自然的真正意義是什麼？什麼是保護？什麼又是自然？

這些問題之所以重要，以及一位生態哲學家為何要插手自然保護，莫席左是這樣說的：「我們再也沒有意願、沒有時間耗在詭辯清談、耗在純粹主義的擺姿作態、耗在模稜兩可的妥協、耗在革命的浪漫主義：有許多事等著我們思索與實踐（往往也必須邊思索邊實踐，因為好理論是最實用的）。」然而，莫席左也強調，「無力感四處瀰漫。問題就在於我們的手與世界如何捐輸連結。我們需要配備了手的理念，以及讓有餘裕的手能夠起而行的好理念。」

荒野生命

莫席左之所以起心動念寫這本書，來自法國野生動物保護協會於二〇一九年推動的生態保護行動：韋科爾荒野生命（Vercors Vie Sauvage）。是年，該協會於里昂峽谷（gorges de la Lyonne）購得一片森林，面積達五百公頃。那麼，協會要如何「經營」這片自然？答案是：什麼也不做。莫席左以動人的筆觸寫道：

要讓牠〔即韋科爾荒野生命；譯者忠於原著，以有生命的「牠」來指涉〕不受攪擾。要把牠還給歐洲山毛櫸（hêtre）、銀冷杉（sapin argenté）、鹿、松鼠、狼、老鷹、山雀（mésange）、地衣；還給野生草地和高大的喬木林。要讓牠自由演變：也就是說，讓環境依憑其內在律則發展，而不去開採、整治、引導統御。

抽象點說，莫席左表示，韋科爾荒野生命要「讓演化與生態動能做它們頑強而寧靜的工作：它們會展現復原的韌性、恢復生機的能力，進行能量的循環與生命形式的創造。中止一切『人為的逼迫』(forçage anthropique)」。

乍看之下，韋科爾荒野生命與目前各國採用的保護區或國家公園並沒有不同；然而，這正是莫席左試圖破除的誤解。他指出，韋科爾荒野生命的「經營者」與「擁有者」均非國家，而是非營利組織。他解釋，透過「群眾募資」，組織得到充裕的資金，再收購土地，成為組織的資產；這也就是說，至少在法律上，韋科爾荒野生命是組織的「私有地」。如此以私有財產權來推動自然保護的做法，顯然少見於今日的保育界；但就莫席左而言，這是此保育計畫最動人之處。以他的話來說，「將法國法律規範的財產權(droit de propriété)據為己有，並且加以顛覆、加以挪用。」他認為，「財產權是生態危機的一個原因：財產權保障開發者有權為了一己私利壓搾環境。」但為何不以其人之道還治其人之身？利用「財產權提供的種種可能性」，「造福我們以外的其他生命形式：造福唯一的人類權利人以外的其他生物。」換言之，從韋科爾荒野生命的計畫中，莫席左看到，以一個非營利組織為中心，群策群力，收購五百公頃的土地；但如此做的目的不是圈地，以推展各種積極的保育規畫，反倒是把這片土地還給萬物。畢竟，莫席左指出，擁有是為了分享；分享的對象也不是只有組織成員，也非只有國民，更不是只有人類，而是自然中的每一分子。

那麼，韋科爾荒野生命的最終目標是不是要打造一片荒野？如同美國國家公園一般，只是現在土地的持有者換成組織？莫席左不認為如此。在這個保留區中，他表示，最高的經營原則便是讓森林「自由演變」(libre évolution)。莫席左從生態學者尚─克勞德·蕨諾（Jean-Claude Génot）的著作中汲取靈感。蕨諾認為，放眼世界的自然保護區或國家公園，所謂的保護仰賴積極地介入自然，若不是做景觀規畫，就是移除枯立倒木，或者就是去除入侵種；生態保育者總是「克制不住想做些什麼的欲望，無法接受什麼都不做」。與之對照，自由演變是把「荒野生命還給荒野生命本身」。莫席左如此詮釋「自由演變」的邏輯：

> 一座自由演變的森林做著生命做的事：牠限制溫室效應，自發對抗氣候暖化。牠儲存碳；牠的樹愈老、愈令人崇仰，儲存碳的效果就愈好。牠致力於淨化水與空氣，致力於形成土壤，致力於減少侵蝕，致力於繁茂開展出豐富、堅韌、能夠抵禦即將到來的氣候變遷衝擊的生物多樣性。牠不是為我們而做，但牠就這樣努力從事，帶來了無可估量的饋贈。

那麼，自由演變與荒野的邏輯有何不同？莫席左認為，前者並非後者的衍伸或變形；更準確地說，自由演變是站在荒野的對立面。他指出，自由演變不打算把「生態系保存在人類到來以前的可能狀態」，不打算把自然轉化為「遺產」，或某種「未曾有瑕」的「純潔狀態」。有感於荒野的創造常是以在地人的生計為代價，或至少抹去人類曾生存的痕跡，莫席左表示，「自由演變則接受森林裡人類的往昔」，而非「倒退回所謂的純淨無瑕裡」；遵循自由演變的邏輯，經營者的目的「是要放手讓森林的自發力量重新掌權」。那麼，在此自由演變的森林中，人該扮演何種角色？莫席左表示，不要期待協會會幫您興建步道、遊憩設施、除草、設置解說牌、移除枯立木等：「您可以以人類哺乳動物之姿進入。您想來的話非常歡迎，同時，這一回您得清楚，您首先是在其他生命的家裡，在牠們的家屋中，牠們熟悉的路徑上。某種意義上，您也身處您的家中，不過這一次，您不是所有權人，而是地球的共居者。」

有必要強調的是，就莫席左而言，自由演變也非「天真地撒手不管」；重點是，經營者得把重心移轉至「森林的視角」，認真看待其「行為法度」，再以最好的方式，為森林布置舞臺，讓牠可以「表現自己」。遵循自由演變的自然保護區將是個「再生空間」：「生命於此恢復了曾有的權利，然後用生命力灌溉周圍一整片的土地。它是一個家（foyer），卻也讓生命向外溢湧，涓滴著生命。」

捍衛生之爐火

自由演變又牽涉到書名中的「爐火」(braises) 以及「火源」(foyer)。譯者林佑軒指出，莫席左巧妙地運用法文「foyer」的多義性：「foyer」是火、爐灶、爐火，但同時也是家庭、故鄉、休息室、焦點與發源地。

乍看之下，我們不免訝異，這些多元的字義是如何統合在「foyer」一詞下。然而，跟著莫席左的文字，我們也逐漸明白：原來，火帶來溫暖，而帶來溫暖的地方，我們常稱之為「家」或「故鄉」。對莫席左而言，生命不是什麼巧妙的機械，自然也非什麼壯麗、讓人崇拜的聖殿；生命就是火，「一叢只要我們留出空間與時間，就會自我重建，開展，創造千千種形式的火。」莫席左也認為，這樣的比喻是有經驗基礎的。生態學者已經告訴我們，只要我們停止使用殺蟲劑，授粉者就會回歸；當我們拆除水壩，洄游魚類就會回歸；當我們放棄「某些森林生態系已經過老，得靠人為介入方能生生不息」，就會發現，「古老的森林是青春之泉」，愈是讓森林變老，這個生態系就會愈年輕、愈豐盈，並滿溢著生命。

莫席左也認為，當我們把生命視為火，就沒有自然保護這回事，或至少不是一九七〇年代以為的自然保護那回事。為什麼這麼說？當我們認為自然需要保護時，自然就被視為外在於某處之物，是某種易碎的藝術品；在這個意義上，保護區或國家公園就宛若美術館或博物館，經營者部署了嚴密的安全措施，防止這些藝術品遭到毀壞。但自然是火，不是藝術品。自然保護是在捍衛生之爐火；就如同在部落社會中，人們小心翼翼地呵護火源，為火而戰，因為火源的熄滅意味著無可依憑，意味著家破人亡。莫席左寫道：

> 這些火源是開放的（我們可以進去，牠們可以出來），我們於此小心翼翼保護著爐火，唯恐有失；這些爐火正是火燄在未來動身開拔的多重源頭。這些火源是熱烈活躍投入抵抗的，就好像對抗環境所承受的開採主義戰爭的一道道防火線（contre-feu）。為了燃旺生之爐火。為了維持未來的潛力，讓這個飽受摧殘

的世界能重新煥發生命。

捍衛生之爐火意味著避免生物棲地的破碎化、讓棲地健康、確保生物多樣性等。莫席左表示，這會是一場戰鬥。莫席左接下來的文字，讓人想起英國首相邱吉爾著名的演說：「我們將在沙灘上戰鬥」。那是在一九四〇年六月四日，邱吉爾向下議會表示，英國將不惜一切代價，與納粹戰鬥到底：「我們將在海灘上戰鬥，我們將在登陸地上戰鬥，我們將在田野和街道上戰鬥，我們將在山丘上戰鬥；我們決不投降！」

至於莫席左，他是這麼說的：「〔為了讓這個世界能重新煥發生命，〕我們會在森林與山巒，在我們的花園、我們的城市，在田野與我們的道路，處處戰鬥。我們永不投降。」

只要給我們一座槓桿，
還有一個支點……

QU’ON NOUS DONNE UN LEVIER, ET UN POINT D’APPUI...

二〇一九年五月六日，星期一。生物多樣性和生態系統服務政府間科學政策平臺（IPBES）的科學家發表了生物多樣性狀況報告：「大自然及其對人們生活的貢獻在世界各地都有所衰退。」各國採取的行動顯然難以應付挑戰。以民主的方式讓有能力考量這些問題的政黨登臺執政實屬必要。然而，與此同時，較為體制外的政治形式、來自公民社會、更加在地的繁多倡議行動，也必須開展起來。集體智慧必須承擔這場奮鬥，化身為尚待發明、實驗、顯形、推動的萬千面目。千千種倡議行動悄然成形了。有針對滅絕的種種揭竿起義，有土地使用方式的種種變革。這也是針對詞彙的涵義、問題的提法、我們的現代遺產的性質、各種挑戰的優先次序所發起的一場文化戰役。

我們很多人意識到了這場危機。能量與智慧都豐沛萬分。我們再也沒有意願、沒有時間耗在詭辯清談、耗在純粹主義的擺姿作態、耗在模稜兩可的妥協、耗在革命的浪漫主義：有許多事等著我們思索與實踐（往往也必須邊思索邊實踐，因為好理論是最實用的）。

可是，無力感四處瀰漫。問題就在於我們的手與世界如何捐輸連結。我們需要配備了手的理念，以及讓有餘裕的手能夠起而行的好理念。

關鍵在發明**槓桿**。槓桿之為裝置，何其優雅。它可能是古往今來發明出來的第一個機械結構，是所有機械結構中最古老的。幾百萬年前，我們的靈長類祖先據信發現了槓桿。這些古老的靈長類憑著動物的天才致力於手工技術（但其他動物無疑同樣發明了槓桿）。槓桿的功用是讓理論上無法相提並論的兩個東西得以擺在一起衡量：一邊是一隻手，另一邊是龐大的岩石。根據阿基米德的公式，只要把一根堅固的桿子伸入岩石下方，再卡上一個支點，我們傳承的動物智慧就可以「舉起世界」[1]。這正是我們要做的：齊心協力舉起世界，擺正擺好它。

我們需要**阿基米德的槓桿**來進行能與我們面臨的情勢等量齊觀的**大規模生態行**

1 這就是眾所周知的「槓桿效應」，能讓使用它的人獲得成倍效果。這項發明善惡難辨、黑白模稜：這種槓桿效應以「槓桿貸款」(prêts à effet de levier)的形式為全球化金融所利用，意在增加利潤，卻傷害了世界經濟，就像我們在二〇〇八年的次貸危機裡所見到的。

動。這些槓桿既在地、又繁多，能夠傳播，同時又劍及履及。要讓手與世界溝通交流，槓桿是唯一的裝置：一邊是行動者（何其渺小的您與我），一邊是生物在地球上歷時數十億年的偉大冒險旅途，槓桿讓兩邊能放置在一起衡量。這場生物的偉大旅程從頭到腳創造了我們，因為生態與演化動能的作用精雕細鑿了我們，不放過任何細節：我們擁有對生拇指（pouce opposable）[2]，擁有超越我們物種的愛與好奇的力量（這在某些鯨豚類身上也可以看到），擁有優雅卻曖昧難以捉摸的靈長類的腦，擁有動員的政治能力。說到底，凡此種種力量都是我們從演化獲得的傳承。取之於生態演化，即當用之於生態演化：是時候動用我們種種生物的力量來保護生物的冒險旅途了——饋贈我們這些力量的，正是如此的旅途。

讓我與周遭一切生物冒險旅途可以放在一起衡量的裝置，我稱為「生態行動槓桿」（levier d'action écologique）。生態行動槓桿必須高效、容易取得運用、擇善固執、紮根在地、短期有成果、**長期**有力量，例如，槓桿可以將自己編織進生命本身與周遭生態系的韌性之力裡，來獲得前述品質。生態行動槓桿的目標必須是「以某項解方解決某樁具體且真實的問題」，而此解方既在地、又有辦法接合進某個值得追求的總體社會計畫（槓桿與它的「世界」）裡。與短通路（circuit court）[3]相連接的各種生態農業（agroécologie）就是這樣的裝置。應當捍衛之地（zone à défendre, ZAD）[4]在某些脈絡中，也屬於此類裝置。千千種槓桿等著我們創造發明。

槓桿遍地開花。

在此，我打算從探索一個就屬於這個類型、聚焦於捍衛森林的在地槓桿開始。接著便是進入通論，向上談出普遍性的時候了。因為，如果我們對案例研究提到的各種衝突進行哲學與政治分析，就會拉出一條調查研究的線頭，我們將跟著這條線頭來走，試著走出自然與人類、開採與神聖化、野生與馴養等種種二元對立的迷宮。這些

2　譯註：意指拇指能與其他四指面對面按在一起，這讓人類能以手抓握物體。

3　譯註：法國政府定義短通路為：商品從生產者不經中轉、或僅中轉一手，銷售給消費者。

4　譯註：「應當捍衛之地」是歐洲法語區的社運詞彙，指為了抵擋整治計畫而以法律規範以外手段占領的一個處所、一塊地域。

二元論徒增沒必要的衝突，引我們遠離真正的戰鬥前線。

然後，我們要問：一旦我們瞭解到，「自然」其實是二元論的杜撰，我們生活環境的毀滅，這個二元論炮製出來的「自然」也要負責，而「保護」（protéger）呢，則是我們與生物關係的家父長式構想——那麼，「保護自然」將會變成什麼？

細緻解剖一具槓桿：案例分析
——自由演變的火源

ANATOMIE D’UN LEVIER : UNE ÉTUDE DE CAS.
LES FOYERS DE LIBRE ÉVOLUTION

我在這邊要調查研究的田野案例在我看來，就擁有具規模生態行動槓桿的好幾種特性。我們會看到，這具槓桿正是某種經典範例。它針對某個明確問題。它仍然屬於在地。可是它強而有力。它具體關注一樁悲劇：環境支離破碎、開發與狩獵無度導致了物種消失、生態系脆弱。它以自己的尺度來回應這些問題，目前這個尺度仍然微小，但以其規模而言已有成效。最重要的是，它是實在的。

我們要談的槓桿，是一項以法律及經濟工具取得土地，創建出一個又一個自由演變（libre évolution）火源（foyer）[1]的基進計畫。這類倡議行動的開路先鋒、最早的支持者是法國野生森林協會（Forêts sauvages），如今接過火把、繼續使命的則是法國野生動物保護協會（ASPAS）[2]。二〇一九年，法國野生動物保護協會在「韋科爾荒野生命」（Vercors Vie Sauvage）倡議行動中，取得了里昂峽谷（gorges de la Lyonne）裡一片五百公頃的森林。此處我們所關注的，就是「韋科爾荒野生命」這個案例。

取得這片森林要幹什麼？要讓牠[3]不受攪擾。要把牠還給歐洲山毛櫸（hêtre）、銀冷杉（sapin argenté）、鹿、松鼠、狼、老鷹、山雀（mésange）、地衣；還給野生草地和高大的喬木林。要讓牠自由演變：也就是說，讓環境依憑其內在律則發展，而不去開採、整治、引導統御。讓枯立木（arbre mort sur pied）[4]順其自然繼續站立，以讓

---

1 譯註：foyer在法文裡一詞多義，有爐灶、爐火、火源、家庭、故鄉、休息室、焦點、發源地、大本營、病灶等各種意思。身為譯者，我在「火源」與「本營」間猶豫許久，最後仍依本書旨趣擇譯為「火源」。諸義難得兼，譯事即佚失，譯者痛並快樂著。讀者可將全書的「火源」代之以「本營」，咀嚼出不同的意義，更不妨憑一己之體悟，自上述諸般候選詞彙裡選擇心目中最佳譯語。

2 法國野生動物保護協會與法國野生森林協會如今已管理著六塊分散在法國各地的保留區。最初，永不疲累枯竭的自然學家吉貝・闊學（Gilbert Cochet）與圍繞著法國野生森林協會活動的知識團隊以思想將土地取得的想法和自由演變的理念繫連在一起。我想藉此對《野生森林協會通訊》（*lettre de Forêts sauvages*）的供稿者、編纂者與創辦者——P. Athanaze, G. Cochet, B. Cochet, J.-C. Génot, O. Gilg, C. Gravier, P. Lebreton, M. Michelot, J. Poirot, C. Schwoehrer, A. Schnitzler, J.-L. Sibille, L. Terraz, D. Val-lauri——既原創又充滿力量的不懈工作致敬。自二〇〇七年始，他們在這份珍貴的刊物中，堅定不移地探討了自由演變、土地管理以及與森林關係的哲學關鍵。該刊物所有期別皆可透過網路查閱：www.forets-sauvages.fr/web/ foretsauvages/100-naturalite-la-lettre-de-forets-sauvages.php。

3 譯註：法文的代名詞只有陰陽性及單複數之分，沒有生物與非生物的區別，植物的代名詞在原文不成問題。譯入中文時若依習慣譯為「它」，這個「它」無生命的意味卻嫌太濃，與本書旨趣有違。是故於此斗膽統一譯文體例，遇生物之個體或集體（如：一株植物、一座森林）時統一使用「牠」，突顯出作者意欲強調的動能與生命力。

4 譯註：根據法國國家森林資源清查局（Inventaire forestier national, IFN）的定義，枯立木是一百三十公分

死樹成為其他生物的棲息地（habitat，亦譯棲地、生境）。把倒下的樹木留在原地，讓牠能融化成腐植質。讓生物自由來去。讓演化與生態動能做它們頑強而寧靜的工作：它們會展現復原的韌性、恢復生機的能力，進行能量的循環與生命形式的創造。中止一切「人為的逼迫」（forçage anthropique）[5]。這些保留區對人類是開放的，任何人只要尊重這個地方，都可以進入。

這樣的理念真是單純得不得了。它外表看似不怎麼革命，卻蘊藏了劇烈的法律位移、政治顛覆以及哲學決定；凡此種種，我們將在這項調查研究裡探討。它是從三個概念的交會中浮現的（因為一個想法的原創之處往往源於其他想法彼此之間的邂逅、結合）。這三個來源是：自由演變（作為環境管理的風格）、由非營利組織取得土地（作為讓保護得以永恆長存的方法），以及群眾募資（作為齊心協力取得土地所有權的公民動員）。

從小生命到大生命

我在此想追蹤的，是這項計畫的奇特之處：它與時間的關係。當我們置身於，好比說，最近剛由法國野生動物保護協會取得的保留區——「韋科爾荒野生命」的土地上，我們就體會到其他生物的時間尺度。剛剛落到我腳邊的這毬山毛櫸果實含有四顆種子，其中一顆如果明天發芽、不遭砍伐，我們讓牠活出「樹生」的話，可能就會成為一株令人敬仰的歐洲山毛櫸。牠將成為明日的野生森林，成為古老的森林，成為

以上沒有任何生命跡象，仍然站立的樹林。

5 此乃援用瑪麗娜・費歇爾—科瓦爾斯基（Marina Fischer-Kowalski）等人在《社會新陳代謝與對自然的殖民》（*Gesellschaftlicher Stoffwechsel und Kolonisierung von Natur*）（G+B Verlag Fakultas, Amsterdam, 1997）一書之說法。自由演變是一種管理形式，完全撤除人類對森林的主動整治：自由演變移除了作用在森林生態系上的干預模式（逼迫）——播種、介入施治、操縱引導、採伐——來讓環境的動能與潛力自由表現。正如我們之後會看到的，這種以撤除為方法的管理在精打細算的使用下，同樣也是非暴力林業（sylviculture non violente）的行動風格。不同的是，非暴力林業維持了某些行動形式，包括採收樹木以及某些管理形式。這是一個連續的光譜，自由演變是光譜的一個極端（這個極端的特色在於它排除了開發）。

最豐富、最悠久的環境。如果我們給牠時間，牠將成為一座「樹木—棲息地」(arbre-habitat)，為一個奇妙非凡的動物群落提供居所：一整個輻輳交會的世界會落腳於這座宇宙，這宇宙會擁有各個不同的樓層、形式繁多的溝通交流、種種未知生命的迷宮，還有物種之間的慣俗約定。在這片森林裡，已經有幾棵歐洲山毛櫸可能壽數已逾兩世紀。我們站在牠們的枝椏下，感受到了何謂創建世界——一個為了其他生命形式而打造的世界。我們感受到了何謂擁有時間，何謂為他者創造時間與世界。從弱小的種子破殼萌芽，到我們眼前的參天巨木，這株歐洲山毛櫸的生命就像一場非常緩慢、或許將長達幾個世紀的爆炸；就像一座擴張的星系，接待並庇護所有的生物界，從松鼠一路接納到地衣。這場非常緩慢的爆炸會透過明確無疑又令人目眩神迷的追尋，來探索一種又一種與環境對話的方式：與空氣對話，與水對話，與土地對話。以枝椏和根系的尖端摸索，體驗世界，枝椏與根系的智慧是無限的緩慢。用好幾個世紀的時間觸撫天空與岩石，探索身為一棵樹的各種可能。能夠繁茂生長，重新充滿「韋科爾荒野生命」這樣子的保留區的，正是這類樹木。自由演變的火源想要使之重生的，不是別的，正是這種森林，這種大生命。

但這至少需要三百年。生態學家說明，一棵樹超過了一百或一百五十歲，[6]生物多樣性就會在牠的身上豐溢滿盈。在歐洲，樹木所庇護的生物多樣性有三分之一繫於樹木的高齡階段。樹木邁入高齡，才會真正成為數不勝數的其他生命形式的世界。這樣的年齡，商業開採的樹木**永遠**到不了；以現今的林業標準來看，讓樹活這麼久是沒有經濟利益的。

6 估計數字因森林類型和方法而異，大方向則清楚無疑。關於這一點，請見巴諦斯特・賀念希（Baptiste Regnery）的文章，該文章將生物多樣性、樹木的微棲地（microhabitat）豐富程度和森林的年齡擺在一起，呈現出正相關。賀念希的取徑深富意義之處在於，它為森林護管員（forestier）提供了一個可用的指標：他們可以評估微棲地的數量與多樣性，來明確得知並豐富森林中生命形式的多樣性。請參賀念希等著，〈影響地中海橡樹森林中樹木微棲地出現頻率及密度的因素有哪些？〉（Which Factors Influence the Occurrence and Density of Tree Microhabitats in Mediterranean Oak Forests ?），《森林生態與管理》（*Forest Ecology and Management*），2013, p. 118-125，以及賀念希等著，〈樹木微棲地作為地中海森林鳥類和蝙蝠群集之指標〉（Tree Microhabitats as Indicators of Bird and Bat Communities in Mediterranean Forests），《生態指標》（*Ecological Indicators*），2013, p. 221-230.

身為人類個體，我們的壽命與一棵樹、一株珊瑚、一片古老的森林、一座生態系相比，微不足道。可是，個體的小生命卻繫於生態系、身為綠色之肺的森林、碳循環和物種演化的大生命。生態行動槓桿的重點在於保護大生命。但是，要保護某件事物，我們就必然要從我們欲保護的事物之角度來觀看世界。因為，只有保護了森林的世界，才是在保護森林；只有借助專屬於森林這樣的生命形式的觀點、透過**牠自己**打造牠的時空的方式，來領會時間與空間，才理解得了森林的世界。對事物真正的保護，是依循**它的觀點**保護它。是保護它的觀點。

然而，如此的大生命，其獨特之處在於：牠生活與呼吸的尺度，是幾世紀、幾千年。保護也必須以幾個世紀計算才行。

我們的電燈泡被設計成六個月就故障，我們的政策被構想成幾年後就不再適用。儘管如此，我們何不設想一套以幾個世紀的尺度來思量的生物政策？

透過控制土地來獲致這一個個自由演變火源的「時空翻轉」的雄心，正是如此：讓未來的古老森林翩然而至。此處的理念是動身保護野化（féral）[7]的自然；如果我們放手讓這樣的自然自己行動，牠就會自動自發地再生。然而，要做的，是在人類生活的地方，好比德龍省（Drôme）[8]、中央高原（Massif central）[9]、布列塔尼（Bretagne）[10]等地，保護這樣的自然。這樣才能讓人們參與進來。因為，如果只保護靈妙非凡、遠在天邊的自然地點（封閉的國家公園、壯麗高聳的峰巒），就會在人們的想像裡坐實了遺棄其他所有環境是合情合理的。[11]

與此同時，遊說團體施加的壓力愈來愈大。為了已經陷入瘋狂、追求大發利市的競爭，他們企圖開採資源，企圖拓展新的開採空間，企圖砍伐所有滿六十歲的樹。

---

7 譯註：野化意指人類馴化的物種重新回到野生狀態。作者以此指稱擺脫人類介入、整治之桎梏，恢復為自由演變的林地。

8 譯註：法國省分，位於法國本土東南部。

9 譯註：法國南部的火山高原，亦譯「中央山地」。

10 譯註：法國本土西北部的大區。

11 正如艾瑪·馬睿絲（Emma Maris）於其書中論述的那樣：馬睿絲，《喧騰花園：在後野生世界中拯救自然》（*Rambunctious Garden. Saving Nature in a Post Wild World*）, Bloomsbury, New York, 2013.

那麼，如何現在就以幾個世紀為尺度，緊急起身行動？

以幾世紀為尺度的一套生物政策

取得土地以創造自由演變火源的計畫，於此有了絕妙發揮。其神來一筆之處，在於將法國法律規範的財產權（droit de propriété）據為己有，並且加以顛覆、加以挪用，因為財產權是生態危機的一個原因：財產權保障開發者有權為了一己私利壓搾環境，有時還傷害了生物編織（tissu du vivant）[12]。此處要做的，是運用這項財產權，不過呢，是運用它來對抗它的濫用。確實如此，《法國民法典》第五百四十四條規範了財產權乃是權利人「以最絕對的方式享有和處置事物」[13]的權利。人之所以能夠以追求利潤的名義讓環境變得脆弱、有時甚至蹂躪環境，財產權要負一部分的責任。「絕對」（absolu）不應當理解為「至上」（百無禁忌、什麼都能做的權利），因為確切說來，財產權是被以下文字拘限的：「惟其不得以法律或規定禁止之方式使用」。此處，「絕對的權利」意思是「排斥性」的權利：換言之，它是一種對所有人都有約束力的權利，能夠把非權利人排除出去，不允許非權利人使用該財產。

但是，如果財產權限制了外在監管，賦予了對環境進行絕對的開發之權利，那就意味著財產權也同樣賦予了不受遊說團體施加的外部壓力，實施絕對的保護的權利。此處的理念是利用財產權提供的種種可能性，以其之道、還之於其身、還之於其世界。這是一種光明正大的滲透。

確實如此。任何創建國家或地方層級自然保留區的嘗試都會面臨獵人、農人、林

12 譯註：tissu du vivant為作者愛用語，意指生物們形成的關係網。因譯為「生物組織」易與單一生命體的組織，如肌肉組織、淋巴組織等混淆，茲保留tissu一詞的「織品」意象，譯為「生物編織」，以突顯生物間綿密的關係。

13 參見莎哈・瓦努森（Sarah Vanuxem）於其著作中針對本法律所做的有力分析，還有她以不同方式詮釋我們的法律傳承、創造發明其他形式財產權的提議：《土地財產權》（*La Propriété de la terre*），Wildproject, Marseille, 2018.

業人士、畜牧界、工業家數不勝數的反對，這些人拒絕眼睜睜看著一塊公共地域逃離他們各式各樣的開發使用之手：開採、放牧、砍伐、割草、狩獵……。在大部分的情況下，這些不同土地使用方式間的談判是重要且有意義的。艾蜜莉・阿栩（Émilie Hache）尤其書寫了重要的篇章，探討這些談判的必要性，以及這些談判作為與環境關係的民主形式，所應當採取的形式。[14]理論上一般而言，我們可能會認為這些談判是最佳選擇，在想要防範「原住民被以自然保護的名義掠奪土地」的風險時尤其如此。但在通泛而談的立場以外，還必須仔細審視脈絡與情勢，以公正對待每一種情形。因為，在我們聚焦關注的法國脈絡中，當談到保護森林地或者河流，「把談判標舉成拿來要脅對方的道德準則」實際上讓開發者又多了一項武器來阻止哪怕是最簡單、最合理的環境保護措施：當力量對比過於不平等，捍衛談判就是捍衛宰制者（這就是我稍後會透過闡明**不平等空間尺度**〔échelles spatiales inégales〕來展示的）。捍衛談判就是捍衛擁有最高經濟、政治遊說實力的陣營。[15]這一點如今人盡皆知，大家卻甘願放任這樣的情況損害共同利益——人類與其他生物的共同利益。[16]

自然保護者就這樣無奈又無力，眼睜睜親見種種矛盾的措施倒行逆施，好比讓狩獵或放牧回歸到某些國家公園、甚至深入最核心的地帶，或者在某些地區自然公園（parc naturel régional）明明簡直已小如米粒的最受保護的區塊裡，恢復這些活動。自

---

14 阿栩，《我們的堅持》（*Ce à quoi nous tenons*），La Découverte, Paris, 2014.

15 在這方面，參見勞宏・構迭（Laurent Godet）與凡森・德維拓（Vincent Devictor）探討政治與保育之間關係的綜述文章，該文分析了一萬三千多篇文章，亦即二〇〇〇年至二〇一五年間，保育生物學（biologie de la conservation）九大期刊所刊登的該領域所有發表。構迭得出了結論，例如他說：「和解總是有利於經濟而非環境利益。物種保護、空間保護深受這些妥協之苦：當保護區出現了觀光與農牧活動，保護區就並未真正得到保護。所有的生物保留區中，真正受到保護的土地只占法國本土面積的萬分之二。」參見：usbeketrica.com/article/la-survie-du-monde-vivant-doit-passer-avant-le-developpe- ment-economique。前述文章：〈保育在做什麼〉（What Conservation Does），《生態及演化趨勢》（*Trends in Ecology & Evolution*），vol. 33, nº 10, octobre 2018, p. 720-730.

16 我們已經在蔚藍海岸國家公園（parc national des Calanques）的紅污泥一案中，怵目驚心見到此一景況。在其中，似乎沒有人能夠攔阻工業家污染一塊受保護的珍貴地帶。譯註：法國加爾達訥（Gardanne）工業區四十年來皆將生產氧化鋁後的有毒廢棄物排放入地中海，該廢棄物因充滿矽、鈦、鋁及氧化鐵而呈紅色，故名「紅污泥」（boues rouges）。二〇一六年一月一日原應依法停止所有廢棄物的排放，地方政府卻延長了六年許可，工廠改為排放另一種宣稱污染較小、但仍有毒性的廢水。參考資料：https://www.notre-planete.info/actualites/4397-boues-rouges-pollution-Mediterranee。

然保護者就這樣見證了自然空間保育機關的政策逐漸轉變；這些機關漸漸開始**積極管理**昔日處於自由演變狀態的空間，秉持著以下邏輯整治這些空間：為了將之遺產化、美觀考量、安全考量，還有，為了保護某些目標物種（保護目標物種的保育模式只要沒有壟斷意圖，在某些脈絡中是站得住腳的）。

作為回應，「法國野生動物保護協會並不滿意保護區之政策及其已然成為積習的種種偏差。因此，本協會創建了一個相當於國際自然保護聯盟（UICN）1b『荒野自然』地位的新地位，並註冊了該名稱。」[17]定義了自由演變的地域的，正是這個「荒野生命保留區」(Réserves de vie sauvage）的地位。我們要做的非常簡單：成為荒野生命保留區的權利人。關鍵在於以此避免兩個障礙：一方面，與開發方力量對比不平等所導致的妥協；另一方面，受保護的空間在管理上的偏差。法國野生森林協會有類似的目標，不過他們沒有動用前述的法律地位：這沒什麼關係，策略可以百百種，重要的是計畫。

取得土地正可以停止對開發方的遊說繼續做出沒完沒了的妥協。私有財產權確實讓土地取得者能夠大致脫離這些壓力與談判：其使用、收益的權利是「絕對」的，法律上的意義是「排除所有非權利人之干涉」。

因此，自由演變火源計畫的第一個核心概念，就是將私有財產權這個法律發明挪用過來，造福我們以外的其他生命形式：造福唯一的人類權利人以外的其他生物。我們的法律是由所有權人制定、為所有權人打造的，財產權因此就弔詭地成為了保護環境的一大利器：只要內爆財產權就可以了。財產權給了權利人使用與收益的絕對權利，但在此處，權利人買土地不是為了自己使用與收益，他購地是為了讓**其他生命形式**能重新使用、享有土地。

此後，沒有人能砍伐樹木來賤賣木材，沒有人能整頓安排喬木林，沒有人能用鉗子把獾（blaireau）夾出窩巢，[18]沒有人能餵鹿吃玉米，好在牠們進入視線時對牠們開

---

17 參見皮耶・阿塔納茲（Pierre Athanaze）的文字：《野生森林協會通訊》, n° 13, p. 2.

18 譯註：這是法國一項殘忍的授獵傳統。在此節譯一段法國野生動物保護協會的說明：「每年有一萬兩千隻

槍：土地將從此自滅自生、不受侵擾，自由演變發展。「在一座又一座遭到多功能開發的森林之外，我們是不是準備好要留給幾座森林一個清靜了？」[19]身兼生態學家與森林護管員的阿蘭・佩樹義（Alain Persuy）如此問道。

放手讓森林自由演變。在法國，尚—克勞德・葳諾（Jean-Claude Génot）在二〇〇八年出版的一本書中，提議讓「自由演變」作為管理自然空間的風格。[20]他批評了一九七〇年代起風行草偃的管理偏差，亦即捍衛「透過積極介入來整治被奉獻給保護的荒野環境」的必要。這是一種景觀設計、修剪整理式的保育，克制不住想做些什麼的欲望，無法接受**什麼都不做**。放在地方的脈絡來看，整治可能在一些保育的倡議行動裡是有意義的，但此處所批判的，是其儼然成為了環境保護占居主流、四處流布普及的邏輯。

相反地，自由演變的地域是一個我們放手讓多樣性自動自發駐足紮根的時空：個體的多樣性（年齡、形態）、物種的多樣性（許多被開發的森林有一個目標物種）、形式的多樣性（藤本植物、森林底層〔sous-bois〕[21]、生物群集的垂直分層）、創造地景、變遷更迭的動能的多樣性（逕地隨著時光推移，往往會長滿柳樹，然後變成森林；樹木倒塌會導致好日性（héliophile）[22]物種大量繁衍）。

同時，自由演變也並不是像美國的保育傳統那樣，要將生態系保存在人類到來以前的可能狀態（同時遺忘了——順此一提——美洲原住民對美國地景發揮的作用），一個被化為遺產、所謂「未曾有瑕」的純潔狀態。自由演變與荒野（wilderness）崇拜相反，荒野崇拜追求的是未受觸碰的原始自然，自由演變則接受森林裡人類的往

獾直接在窩巢遭到進行犬隻地底狩獵（vénerie sous terre）的獵人殺害。獾被獵人引入巢穴的小型犬逼迫、撕咬，幾個小時都承受著恐怖與劇烈的壓力；與此同時，備有鏟子與鍬子的獵人則向內一路挖掘到獾的藏身處。接著，獾被一具巨大的金屬鉗粗暴地拉出洞穴，遭槍或刀奪去生命。」參見：https://www.aspas-nature.org/deterrage-blaireaux-france-interdiction/。

19 參見《野生森林協會通訊》, n° 18, p. 8.

20 尤請參見蕨諾，《因管理而病的自然》(*La Nature malade de la gestion*), Le Sang de la terre, Paris, 2008.

21 譯註：較正式的名稱為「下木」、「下層植物」、「下層植被」、「地被植物」，指地面與林冠之間的全體森林植物。

22 譯註：好日性植物只有在陽光下才能進行其生命週期。

昔。[23]在歐洲，森林往往由以下種種織就：人類對森林悠久複雜的使用、森林開發，以及新物種的到來。自由演變不是要倒退回所謂的純淨無瑕裡，而是要放手讓森林的自發力量重新掌權。這就是我們所說的「野化」（féralité）：讓一個在被人類轉變後能夠自我再生的生態系表達力量。[24]

放手，也就是說，把荒野生命還給荒野生命本身。這就是自由演變火源計畫的第二個核心概念，美得令人心旌動搖。一座自由演變的森林做著生命做的事：牠限制溫室效應，自發對抗氣候暖化。牠儲存碳；牠的樹愈老、愈令人崇仰，儲存碳的效果就愈好。牠致力於淨化水與空氣，致力於形成土壤，致力於減少侵蝕，致力於繁茂開展出豐富、堅韌、能夠抵禦即將到來的氣候變遷衝擊的生物多樣性。牠不是為我們而做，但牠就這樣努力從事，帶來了無可估量的饋贈。

如果在此，一切都是免費的贈予，而且無懈可擊——那麼，為什麼要以利潤和虧損的角度思考？

在自由演變中

「讓森林自生自滅」：這個想法在許多人心中觸發了充滿創傷的迴響。這些創傷，我們必須一開始就化解。因為如今，人們（以「決策者」為首）對這個想法的理解亂七八糟：鄉村荒蕪化（désertification rurale）[25]、土地失去掌控、人類消失、蠻野入侵——所有人都想要與之對抗，卻又不太曉得到底講的是什麼。因為「世界的其中一塊被擱著自生自滅了」的想法嚇死人。

不過這裡的問題卻在他處：我們絕不能忘了，這是一個空間規模的問題。因為，

23 關於這一點，參見方索瓦・颯哈壤（François Sarrazin）與珍・樂崆（Jane Lecomte）關於自然保育的「演化中心」（évocentrée）取徑之重要觀點，主要請參見：颯哈壤、樂崆，〈人類世中的演化〉（Evolution in the Anthropocene），*Science*, 26 février 2016, vol. 351, nº 6276, p. 922-923.

24 在這方面，參見安妮克・詩尼茲樂（Annick Schnitzler）與蕨諾啟發人的小書：《野化的自然或荒野的回歸》（*La Nature férale ou le Retour du sauvage*）, Jouvence, Genève, 2020.

25 譯註：指鄉村人口逐漸流失的現象。

自由演變火源計畫要做的，不是讓泛指的「世界」、而是讓法國領土上幾塊荒野生命的小地皮自生自滅、重新掌權——法國領土有百分之九十九都已經開發、改造、有人狩獵、以服務人類為目的進行整治。如今，自由演變保留區試著從人類破壞性活動的手掌裡搶救出來的，就是這些**紙屑般的小地塊**。根據計算標準的不同，法國真正受到保護、免遭開發、採伐、整治的地域，占國土面積的萬分之二到百分之一不等。人類已經可以在幾乎**所有的地方**管理、整治，有時剷平、放乾、建造：去設想把寥寥幾小塊的平安交還給與我們共居地球的其他生命形式，真的有那麼不合理嗎？

一個生態學模型輕而易舉就讓這一點昭然若揭。這個模型大致上是這樣子的，它比較了脊椎動物（vertébré）——這麼說吧，一般而言就是包括人類在內的動物——在地球表面的生物量（biomasse）[26]，在兩個時間點的不同：一萬年前以及現在。一萬年前，野生動物占據了動物生物量的百分之九十七，人類則差不多占了百分之三。如今，馴養動物占據了所有陸生脊椎動物生物量總和的百分之八十五。人類上升到百分之十三。昔日占了總和百分之九十七的野生動物如今只占百分之二。[27]這是巨大的翻轉。馴養的牲口劇烈地攻占了生物量，奪去了生態系的其他部分、特別是野生動物的分額。人類這麼做，也讓生態系裡自營生物（autotrophe）——講簡單一點，植物——的生物量減少了百分之五十。[28]這些數字不言自明。我們可以讓這些數字在我們深處沉澱，讓它們努力蛻變我們成為其他生命。

26 譯註：生物量是給定時空中，所有生物體的質量總和。

27 參見瓦茲拉夫・史密爾（Vaclav Smil），〈採收生物圈：人類的影響〉（Harvesting the Biosphere. The Human Impact）, *Population and Development Review*, vol. 37, n° 4, 2011, p. 613-636, 以及安東尼・巴諾斯基（Anthony D. Barnosky），〈大型動物群生物量的消長作為第四紀及未來滅絕的動力〉（Megafauna Biomass Tradeoff as a Driver of Quaternary and Future Extinctions）, *PNAS*, vol. 12, n° 5, 2008, suppl. 1, p. 11543-11548. 這些模型都有作者知之甚詳的重大偏差。大體上，我認為這些估計是合理的。一萬年前的野生動物生物量甚至可能被嚴重低估了，不過這很難證明。我們也可以計算絕對的數字而非比例以估量。此外，「生物量」這個度量衡相當片面且不公允，恐怕必須增加種種量化的模式，但其他度量衡的數據還要更零碎：個體數量、分布區域、物種多樣性（biodiversité spécifique）與遺傳多樣性（biodiversité intraspécifique）……儘管如此，恐怕還是需要所有這些，才能清楚瞭解這樁悲劇。

28 卡爾・海因茲・艾伯（Karl Heinz Erb）等著，〈森林管理和放牧對全球植物生物量意料之外的巨大影響〉（Unexpectedly Large Impact of Forest Management and Grazing on Global Vegetation Biomass）, *Nature*, n° 553, 2018, p. 73-76. 這與馴養草食動物與人類的生物量大量產生、損害了野生生命完全對得起來。

就算這樣，捍衛開發的人還是繼續污衊、譴責一切對環境的堅實保護，繼續要求要有妥協，他們要有權利一路開發開採到受保護的紙屑般的地皮裡面。我們探索「韋科爾荒野生命」保留區西面的時候，吉貝・闊學（Gilbert Cochet）如此講述這個現象：「這就好像，分配財富給開發者和自然的時候，我們把百分之九十九給了開發者，百分之一給了自然。結果現在開發者跑過來說：『在你們那百分之一裡面，你們必須跟我們達成妥協，允許經濟活動，否則就不公平了：我們不能讓自然整碗捧去。』可是這些開發者早就擁有幾乎所有土地讓他們用！」

不管讚諂揄揚經濟成長的人怎麼說，這些讓森林自由演變的計畫裡面，並沒有讓禁止開發的保留區覆蓋全世界的祕密規畫。並沒有什麼無所不能但又隱不可見、意在排除人類於世界之外的生態暴政陰謀：這群很少很少的人是以鬥志堅強的被宰制者之姿，捍衛自由演變的火源的。批評這些自由演變的小地塊是在搞神聖化，其實是出於意識形態：這些批評顛倒了宰制者與被宰制者。真正的力量對比剛好相反：保護這些空間與它們的動物群落這樣的事業，是大衛在對抗歌利亞。

這只不過是讓幾個百分比的土地脫離開發、開採的手掌心，造福那組成饋養我們的環境的生物編織，以此作為抵抗。這真的有那麼基進嗎，還是，這只不過是合情合理，再加上一點通情達理？這些日子裡，人道主義本身似乎已換了邊站。

與自由演變有關的第二種擔憂，是擔憂「野蠻會回歸」，擔憂失去對土地的控制，擔憂我們「地球整治者」的角色遭到放棄，恐怕會被荒野「滅頂」。只要看一看已經處處可見的一種現象，這種幻想就輕輕鬆鬆遭到化解：請看看所有那些「在自己渾然不覺之中」實行著自由演變的土地所有人。事實上，好幾百萬公頃的法國森林是不知道、不在乎自己擁有此財產、迷迷糊糊繼承了森林作為遺產的人的私有財產：這些地方已經寧靜地進行著自由演變。雖說如此，只要哪個人決定要用這些森林生財或整治這些森林，如此的自由演變就會遭受阻礙，長期而言無法產生其強大效果。因為，這種在被放任不管的森林裡對經濟及整治活動的遺棄，只不過是昔日的開發在今日幻化而成的幽靈：我們必須構想一種**積極的**自由演變，這樣的自由演變不僅僅是一種遺棄不顧，而是一種對保護的肯定行為，長遠來看能使土地免遭多種又多變、來來復去去的開發所染指。而我們稍後會看到，「保護」這個字放在這裡並不恰當：這裡的行動更是一種生機的重燃，一種動態的積極保育，以生態及演化潛力為重心，為這兩種潛力提供了徹底發揮盛放的條件。

自由演變的森林並非野蠻回歸、文明滅頂。牠就只是我們忘記牠、不再認為我們該整理牠、拿牠生財、整治牠，使牠能繁茂生長的時候，那片開展的森林。自由演變也並非天真地撒手不管：它是與森林的種種可能之中的一種外交實踐。它讓重心移轉到森林的視角，接著認真看待牠的行為法度，最後尋求最好的方式為這何等豐富的森林提供條件，讓牠能表現自己。這樣的立場堅實有力，但在執迷不悟、盲目深信整治不可或缺的晚期保育文化裡很難堅持住。這種對整治的癡迷信仰有時候還違背情理，好比說，自然環境的管理者被法律強迫砍除所有死亡的樹木，原因是要維護散步者的

「安全」，這就從全體動物群落手中奪走了枯立木樹幹孔洞提供的無數棲息地：這是一種反自然的保護。什麼都不做，讓森林自我再生，則是一種思慮周到、堅決果敢的積極實踐。

因此，這個捍衛自由演變森林的倡議行動是一種微妙的航行裝置，迂迴繞行過種種有問題的做法、一項又一項沉重的傳統、被一竿子打翻一船人全部污衊的種種抽象類別。自由演變火源計畫表現在三項因脈絡制宜的調整：它寄希望於野化與自然的力量，避免了美國傳統的「純潔無疵」自然之遺產化；它透過土地取得，終止了不永續的開發利用；它藉著肯定自由演變，擺脫了整治的衝動。

解構一個口號：「自然被封閉隔絕」

談到「保留區」或完整保護的時候，所引發的幾乎自然而然湧出的大量成見，正是「自然被封閉隔絕」(nature mise sous cloche)。這個說法特別陰險狡詐,值得耐心解構。

被封閉隔絕了:工業化農業相關產業(agrobusiness)與擁護狩獵的遊說團體大量高舉這個負面說法,對公民及政治人物貶損所有強力保護自然的嘗試;構想這些嘗試的,是掛心嚴酷環境現況的人,科學報告如今告訴我們,環境正邁向崩潰。這個說法起初是用來描述受到保護、免遭法國鄉村迅速大規模工業化的巨大動盪染指的美麗自然地帶的遺產化;如今,這個說法則被一群人拿來當成工具:一切強力環境保護形式的反對者,所有對抗「限制住針對我們生活空間的無限開發權力」的人。

這個說法的功用在於激發三種幻想:第一個幻想,是以想像出來的僵化不變、固定不動,幻想著對自然的強力保護就是一種凝止不變的遺產化,宛如用玻璃罩[29]罩住自然一樣石化了、隔絕了自然。[30]把這個幻想扣在我們所談的保留區頭上是說不通的,因為這些保留區的功能正是恢復這些空間的自由演變,讓它們的演化潛力與生態動能得以重新建立。與這第一個幻想正好相反,我們放手給這些保留區一點清靜,是要讓它們依憑自身的內在邏輯來變化。如此一來，它們就會全面開展。「讓森林自由演變，就像為運動員鬆綁雙腿。運動員就開跑。」闊學如是說。

「自然被封閉隔絕」的口號所激發的第二種幻想，問題還要更大：它幻想著強力保護自然就是在盜竊共同利益。這種幻想認為這些受保護的空間是從鄉村居民手中偷搶來的，這些民眾被奪走了「屬於」他們的東西：「他們的」山。首先還是一樣，跟全部領土相比，這些保留區是零星的小碎地。其次，這些地不是農地或牧地：它們主要是山坡森林地與荒地。最後，把這些小小的土地歸還給其他生物並不就是排除人類於這些空間之外：人人都可以去走一走，沉浸在豐富的生命中，在其他生命形式中認

29 譯註：原文為 cloche à fromages，即乳酪罩，為法國常見餐廚用品，傳統為玻璃製，用以收納乳酪，讓乳酪不失去水分也不瀰漫味道。「封閉隔絕」(mettre sous cloche，直譯為「放在玻璃罩內」)、「被封閉隔絕」(mis sous cloche，直譯為「被放在玻璃罩內」)典出於此。

30 關於這一點，參見亞歷杉德・侯貝（Alexandre Robert）等著，〈固止主義與保育學〉(Fixism and Conservation Science), *Conservation Biology*, 2017, ff10.1111/cobi.12876ff. ffhal-01480250f.

出自己，來歌頌化身為所有形式的生命。保留區是人可以到的，人人都能進入。例如，法國野生動物保護協會二〇一二年取得並開始自由演變至今的大巴熙荒野生命保留區（réserve de vie sauvage du Grand Barry）入口就掛著一塊小牌子，上面寫著：「歡迎您來到這個自由演變的空間，請尊重它的完整。」

因此，所有生物都可以進入這裡，把工具和武器留在門口（進入外交場所不就是這樣嗎？）：罩子是打開的。最重要的是，所有生物都可以從中而**出**：荒野生命保留區是一個再生的空間，生命於此恢復了曾有的權利，然後用生命力灌溉周圍一整片的土地。它是一個家（foyer）[31]，卻也讓生命向外溢湧，涓滴著生命（與經濟學的涓滴理論不同，確實有一種涓滴理論是真確的，那就是生態學的涓滴理論）。

所以，自由演變保留區並不是在「封閉隔絕自然」，因為其功能恰恰相反：它是要在一塊土地上創造一顆綠色之心，讓蓬勃豐沛的生命得以向周圍到處擴散。在保育生物學中，我們曉得，只要留給生物空間與時間來重新點燃牠多形多樣的火焰，生物就會重建其適應潛力，回到上升的生態軌跡，再次繁茂盛放。如此的生命力注定會擴散傳衍，因為，自由演變火源的啟動，只繫於一個實際的措施：除去圍籬。

人類有權進入，所有的非人類則有權出來：樹木的花粉，鳥類嗉囊（jabot）裡的種子，幾乎負責了全部作物授粉的野生授粉者，在其他地方日趨消亡、在這裡卻能在枯立木裡築巢的鳥，分散的水獺，受到庇護所撫慰、獲得了力量的西方狍（chevreuil）和岩羚羊（chamois）。每種生物都可以從這裡出發，往四周擴散，擴散到這個被盲目的開發所毀傷的世界：自由演變保留區並不是沒收一塊空間，而是用維持住一顆顆小小的生命之心，讓土地上全體荒野生命重燃生機；在這些小小的心臟裡，荒野生命可以獲得力量，然後以各種形式四處擴散：花，昆蟲，族群遭集約農業（agriculture intensive）毀滅的田野鳥類，河狸（castor），老鷹。荒野生命走出了保留區，在周遭被開發的世界重新繁衍，為被開發的世界恢復更完整、更強韌、更豐富的生物多樣性。

31 譯註：關於foyer的意義與翻譯的可能，請見本章註解1。

因此，這是普同、共享、無償饋予、無懈可擊的福祉；創造如此福祉的，是自由演變的火源。在這生物多樣性遭到劇烈摧殘的時代，它是生命之所繫的**共同利益**。之所以「共同」，首先，因為它向所有生物開放；其次，因為這項倡議行動致力於跨越物種障壁，為生物謀幸福（地衣、西方狍、授粉者、人類住民都被編織進了這個「共同」裡，不分彼此）。這是多重物種的共同利益；耐人尋味的弔詭是，它建立在私有財產權上。

獲得捍衛的，是一個共同的身體，這個共同的身體是多重物種的，牠就是森林本身，牠的肢軀擁有羽毛、皮毛或者葉片。

保留區保護的野生森林就像船隻得以安歇的港灣。在這裡，所有摧毀生物編織的力量都被排除掉了，讓生物編織得以重建，以元氣淋漓之姿回歸。對於與人類做法產生衝突的生命形式，一些妥協將會是必要的，而要致力實現同居共存，就必須進行激烈的協商以及不致缺乏現實感的外交。生氣勃勃的好客：一邊接待、一邊抵抗，這是生物明顯的矛盾，是幾百萬年來發明的關係，身體裡如此（就是免疫系統），生態系裡亦如是（就是生態互動：即使是互利關係，夥伴太超過的時候也必須懂得自衛）；此處我們需要的，就是如此類型的協商。

在自己家的裡，不過首先，在其他那麼多生命家裡

因此，在自由演變的森林，您可以以人類哺乳動物之姿進入。您想來的話非常歡迎，同時，這一回您得清楚，您首先是在其他生命的家裡，在牠們的家屋中，牠們熟悉的路徑上。某種意義上，您也身處您的家中，不過這一次，您不是所有權人，而是地球的共居者。

這樣的情況裡，我們可能會問：為什麼在荒野生命保留區中，禁止採集野草莓（fraises des bois）、蕈菇或撿拾枯木。要解釋如此禁令，有兩種方式：出於原則或是出於謹慎預防。我們可以出於**原則**禁止前述行為，這是基於以下想法：荒野生命保留區的任務就是把這些地方恢復到人類到來以前的樣子。事實上，這樣的立場是不合理

的。就拿「韋科爾荒野生命」的森林當例子。這片森林始於最後一次冰河期以後，很可能介於舊石器時代晚期至中石器時代（Mésolithique）之間。也就是說，是人類先來到這塊日後成為韋科爾山脈的土地（智人四萬多年前定居於今日的法國），這片森林才在此開展成歐洲山毛櫸與冷杉交織的森林。換言之，這片森林一直都有人類居民的足跡，他們以狩獵採集者（chasseur-cueilleur）之姿，採集植物、漿果，還有生火的木材；他們的人口密度起初可能非常低。所以，出於原則禁止一切獲取食糧的人類活動，是憑空捏造出一個實屬幻想的空間：一個從來沒存在過的空間。這樁幻想建基於對人類在生態系所居位置的理解，這種理解既恨惡人類、又二元對立：就好像人類與自然本質截然不同似的，如此一來，一切人類行為都是污染與毀敗。但這種二元論是錯的：身為眾生物其中一員，身為哺乳類，我們向來是傳播種子的動物，向來是授粉者。從我們赤腳走在高高的草叢裡的彼時，到登山鞋的時代，在我們的足踝上，在我們赤腳時代的體毛裡，在舊石器時代獸皮鞋的褶子裡，在長褲的收邊裡，在我們現代的襪子裡，我們一直都攜帶著注定要一路沿著我們的路程為植物受精的花粉。透過動物散播種子的植物素來把我們當成對自己的作用渾然不覺、過了就忘的船艦來使用，來從事牠們漂泊旅行的性。我們採集果實與藥草，也同樣為果核與植物流散傳布盡了一份力。我們跟其他生物一樣，都是不罷工的工人。

如果我們出於原則禁止人類在森林裡採集、撿拾，我們就妖魔化了人類的這一整個面向，但正是這個面向——也就是人類在食物鏈裡的角色、歷史上人類的生態作用——將人類與生態系繫連在一起。那麼，為什麼《荒野生命保留區憲章》禁止在保留區中採集、撿拾？那就是防患於未然了。原則上，幾個人在一座保留區裡採集蕈菇和覆盆子沒什麼好反對的，他們跟其他哺乳類一樣也是哺乳類。但問題很簡單：既然地方是開放的，我們無法知道，也無法控制——同時也沒意願去控制——採集者是一年來三個，還是三千個。可是，一旦超過了某個門檻，這些採集、撿拾就會超過環境的負荷與再生能力，傷害到動能。問題不是行為，而是數量。所以，出於**謹慎預防**，我們可以務實地決定，這裡不可以撿拾、採集；如此一來，我們就能睹見森林不遭風險，開展繁茂。這不是一種剝奪，因為我們不會忘記，周遭四處，在幾乎整個領土上，都可以撿拾、採集，還寫在規定裡，我們不會忘記，這樣的撿拾、採集過於沉重，足跡過於龐大，往往帶來有害的影響。

因此，禁止撿拾、採集並不是像幻想的那樣封閉隔絕自然、傷害我們的個人自由，而是一種在地的、周詳的措施，努力預見一切可能削弱這個地方生態功能再生的因素。[32]「自然被封閉隔絕」的說法是一種修辭工具，首先就意在激發聽到這種說法的人心中「被剝奪一處空間」的恐慌——「這一次，竟然沒辦法成為存在物的絕對支配者」的恐慌。

此處浮現的，是「自然被封閉隔絕」的第三種、也是最後一種幻想面向：這樁幻想裡頭，自然保護者被指控為「想要禁止一切」，而控訴他們的往往是開發者，開發者在這裡自我標榜為我們自由的捍衛者。在這個緊緊抓著各種主觀權利（droit subjectif）不放、惟恐失去的社會，這第三種幻想激發了聽者的憤慨不齒。我們可以用事實回應這樣的指控：在這自由演變的小小火源中，您有權做**一切**事情——除了開發開採、撿拾採集、殺害、破壞、讓這個地方的整全陷入危殆。如果讀到了這裡，您還一意認為您再也沒有權力做任何事情了，那有蹊蹺的恐怕是您，而不是保留區的計畫。

面對氣候變遷

並非封閉，亦非遺棄，也非石化。自由演變的火源並不是從土地的大缽裡分離出來、**無所事事**而日漸凋亡的死空間：自由演變的火源是一顆顆活著的心，斑斕閃爍，每個春天都流淌著生命。這些空間沒有**被拿去**投入勞動，但「牠」工作著，非常積極：變異，創造，形式的熟成，編織的成熟；儲存碳以製造巨大的生物量，淨化水，穩定

32 這在海洋保護區的部分有文獻作依據：海洋保護區如果良好實施，就能提高周圍當地漁民的收入。生態學裡，這些族群動能揚升的區域，我們稱之為「源」(source)；族群動能衰退的區域，則稱之為「匯」(puits)。很明顯地，自由演變的火源對一些物種來說是源，而對這些物種而言，遭到強力開發的環境就是匯。這裡有關於棲息地的切題爭論：好比說，自由演變的森林如何能夠號稱是棲息地並非森林的鄉野鳥類的源？森林不是這些鳥類的源，但森林是棲息地比較多元的物種，還有森林特有鳥類的源；這些森林特有鳥類已被證明也受集約農業所苦，更不用說集約林業了。

氣候……[33]「牠」日復一日精心進行著我們人類做不到的事情，而同樣的過程也打造了我們。

在劇烈氣候變遷即將到來的情勢裡，自由演變的場所就是實物教學：這些地方教導我們，當一個環境發揮所有功能，就能夠做到什麼。沒有人能知曉一片森林的真正能力。[34]此外，氣溫變暖兩度對我們生態系的影響也是一個徹底的謎。

如此一來，自由演變就是面對氣候暖化的戰略決定：無論如何，環境面臨的異變將會巨大到，意圖管理、治理、控制環境演變，實務上都會變得無法設想。而未接受人類扶持、不需要持續整治就能自我維持的環境面對如此鉅變，有較為優秀的應對：這些環境以喬治·康吉萊姆（Georges Canguilhem）的說法來看是健康的，[35]它們代謝變化代謝得更好，它們比較堅韌。

我們確實有理由認為，面對不確定性，一個環境愈是簡化、貧乏、物種缺乏多樣性，就愈脆弱。而一個環境愈是多元、具有結構、充滿順暢有力的功能，換言之，其生態的自發動能保持著未受阻礙，這個環境就愈堅韌、強健。這也是保育生物學的共識。[36]

33 闊學用一個古怪有趣的等式表述了積極參與保護野生森林與對抗氣候變遷之間的關係：「依樹種和年齡的不同，一公頃森林每年儲存八至二十噸二氧化碳。一個法國人每年平均排放七點五噸二氧化碳。如果他買了一公頃森林使其自由演變，他就達成了『碳補償』（compensé carbone）。不過要注意，這可不像購買贖罪券來（搭飛機）去天堂那樣。必須活得檢樸且合乎道德，以排放盡可能少的二氧化碳為目標。還要對其餘部分進行補償。」從這個觀點來看，關鍵不再是碳補償，而是類似恢復森林的行動。

34 薇菊妮・馬希（Virginie Maris）寫道：「這就是為什麼，就算僅只是把一個個獻給荒野自然的空間當成『沒有我們，自然能做什麼，又會是什麼樣子』的見證者，保存住這些空間還是如此重要。因為，要『接受』自然，還得瞭解它的夥伴，……給它一個機會，讓它用自己的方式存在，不受阻撓。」《世界的野性部分》（*La Part sauvage du monde*）, Seuil, Paris, 2018, p. 235.

35 關於這一點，參見康吉萊姆，〈正常與疾病〉（Le normal et le pathologique），《生命的知識》（*La Connaissance de la vie*）, Vrin, Paris, 1993 (1952).
譯註：喬治・康吉萊姆，法國醫生、哲學家。

36 關於這一點，參見蓋爾坦・莒布斯・德瓦納飛（Gaëtan du Bus de Warnaffe）與席爾凡・昂傑杭（Sylvain Angerand）主持的森林管理面對氣候變遷之未來的重要報告：報告作者以有說服力的方式展示道，若要讓森林在碳儲存中發揮最決定性的作用，中期的最佳計畫是讓百分之二十五的法國森林自由演變，重視永續林業這一類的永續管理，並在使用木工行業（大木作、細木作等）的產品時，優先採取高尚且永續的方式。參見：《森林管理與氣候變遷：國家緩衝策略的新取徑》（*Gestion forestière et changement climatique : une nouvelle approche de la stratégie nationale d'atténuation*），二〇二〇年一月。報告可上另類林業選項支持網（Réseau pour les alternatives forestières, RAF）的網站查閱：alternativesforestieres.org/IMG/pdf/synthese-web-rapport-foret-climat-fern-canopee-at.pdf。

挪用財產權的無限力量

當代社會科學已經以直白凌厲的方式突顯了私有財產權潛在的生態與社會暴力。在自由演變火源的土地掌握計畫裡，關鍵在於讓財產權的暴力轉回去對抗無所不用其極的開發，對抗開採主義（extractivisme，又譯榨取主義）。

然而如何確保，對財產權的如此挪用，不會變成獨裁式的據為己有？不會淪為私有化？如何確保自然的保護者不會被他們的工具所腐蝕、扭曲、墮落？一切的關鍵就在於要去瞭解：如何劫持財產權這個法律裝置，同時消解其專斷獨行的風險。如何挪用財產權，同時中和掉「使用與收益的絕對權利」的毒性？

對此有兩種回應。第一種，是使用公共的機制，從原則釐清這個環境的利用方式，法國野生動物保護協會施行的《荒野生命保留區憲章》[37]就是這樣的一種機制：一個協會讓自己成為權利人，同時透過一個明確描述土地指定用途的公共憲章，從原則約束住自己的手不去隨意擺弄這些空間的命運。順此一提，其他私人地主如果想要把他們的土地交還給自由演變，也可以透過法國野生動物保護協會正在規劃的「荒野生命避風港」(Havres de vie sauvage)[38]倡議行動，採用此一憲章。

第二種回應，是權利人本身的性質：〈一九〇一年法〉(loi 1901)[39]所規範的非營利協會，例如法國野生森林協會，或是法國野生動物保護協會。[40]就像菲利普・法樂貝(Philippe Falbet)回應農民聯盟(Confédération paysanne)——農民聯盟指控法國野生動物保護協會企圖「私有化」自然——的公開信所寫的：「並不存在土地『私有

---

37 參見法國野生動物保護協會的網站：https://aspas-reserves-vie-sauvage.org。

38 譯註：法國野生動物保護協會網站說明，「荒野生命避風港」是該協會為了使「荒野生命保留區」更臻完善而創設的標幟。若私人地主有意參與自由演變行動，可聯絡該協會，該協會訪查後若土地符合條件，地主就可簽署一份與《荒野生命保留區憲章》宗旨相同的憲章。參見：https://aspas-reserves-vie-sauvage.org/havre-vie-sauvage/。

39 譯註：該法顧名思義，為一九〇一年通過的法國法律，在全新的基礎上建立了結社權，是法國協會組織運作的根基法律。詳參：https://www.associations.gouv.fr/liberte-associative.html。

40 法國野生動物保護協會的法律地位稍微不同，因其總部設於阿爾薩斯，適用地方法。然而原則都是一樣的。譯註：阿爾薩斯地區歷史上曾多次易主，受法德兩國輪流統治，故法律演變與法國法律產生了分歧，回歸法國後當地折衷採取了保留舊日法國法律、德意志第二帝國統治時期實施的法律等的地方法。

化』的問題，這些組織是集體的，具協會性質，經過認證，來自公民社會。它們追求的是公共利益。」[41]另此一提，法國野生動物保護協會是一個法國國家認證的公益性協會（association d'utilité publique）。像法國野生動物保護協會這樣子的協會並非私人行為者。它們並不捍衛私人利益。它們在重大生態危機的時期捍衛生物世界的利益，因此它們捍衛公共利益。開發方的遊說團體不由分說把自然保護協會講成是「遊說團體」：這是戰略詭計，意在把自然保護協會放在競技場中跟他們一樣的層次上，因為在**這座**競技場裡，他們的經濟與政治力量遠遠超越自然保護協會。但像這樣把自然保護者等同於遊說團體，其實是一種概念操弄：遊說的本質是為了各種**私人利益**工作。我們這邊談論的協會則是為了公共利益、為了多重物種的共同福祉工作。這些協會沒有任何私人利益要捍衛：生物不是付錢請它們在布魯塞爾[42]和其他地方暗中喬事的跨國公司。這些協會是生物的捍衛者。

此外，這些非政府組織是由以一項共同計畫為核心而集結的全體會員所管理的。〈一九〇一年法〉類型的協會確實有這項政治上的特點：它內部最有力的機構不是理事會或領導階層，而是全體、集體的會員大會。就法國野生動物保護協會而言，該協會目前擁有超過一萬三千名會員，而每筆對荒野生命保留區的捐款如果超過會員年費（二十五歐元），捐贈人就有權在會員大會投票。會員大會有權聘任或解聘理事會成員。這個機制消弭了領導者我行我素專斷管理的風險：這是一種由會員進行的合議制管理，會員們並未享有這些財產的私有且專屬之使用、收益權。這項要素是消泯財產權風險的第二道防火牆。

如此一來，財產權就被挪用、同時消除了毒性，轉而為我們以外的其他生命形式服務。這是強而有力的翻轉。我們進入了生命自我管理的各種形式。某種意義而言，這正是一份共同利益——但是這個「共同」是多重物種的。它包括鹿、銀冷杉、地衣、

41 法樂貝致阿列日（Ariège）農民聯盟公開信。二〇一九年五月十七日撰於阿斯佩（Aspet）。譯註：全文請參：http://www.vieillesforets.com/wp-content/uploads/2020/02/LETTRE-CONF-PAYSANNE.pdf。

42 譯註：作為歐盟總部所在地，布魯塞爾可謂是歐洲首都，歐盟各層級的法規與協議在此協商、締結、制定，是各路遊說團體著力甚深之地，開發勢力與環保陣營亦在此激烈交鋒。

繁花盛綻的草地，還有硝化細菌（bactéries nitrifiantes）[43]。

擁有是為了歸還

傳統的財產權是「獲取」的自由，使用、收益權是「利用」的權利。這裡浮現的，則是一種作為「歸還權」的財產權，一種作為「歸還的自由」的反財產權。它創造了一塊塊開放的土地。它向非人類及人類的使用者開放，而非排外地沒收一個空間。這不再是奪取土地，而是一種歸還。一種從財產權內部進行的對財產權的放棄。這種奇異的行使權利方式弔詭地讓財產權從圈地運動裡解放出來。這是對財產自由權的「歪」用：一種「歪」的權利，一種對土地的放棄。

再加上，透過網路上的群眾募資平臺展開公民募資（financement citoyen）運動，人人都能以自己力所能及的方式共襄集體獲取土地的盛舉。這方面，您有「韋科爾荒野生命」計畫：透過協會取得土地，創造一個用於自由演變的荒野生命火源。明日的古老森林，「自由直到永恆」，闊學如是說。然而，在自由主義的西方，已知最可靠的永恆形式，就是私有財產權。

在「支付」與「享有」關係的翻轉中，此處的重點在於支付一項參與，來**放任**某個事物自由演變。概念是弔詭的：在一個以捐獻為方法的公民動員裡，集體挪用絕對且具有排他性的財產權，不是為了私人使用、收益，而是為了基進地歸還給其他生命。一些清楚自己根源的人類有個縈繞心頭的疑問：如何歸還個什麼給餵養我們的環境？前述的公民動員就是一個答案。我們不妨想像我們透過這樣的行動，獲得一張世間尚無的證書，證明的不是財產權，而是對一塊土地的歸屬。[44]

我們不妨一提這類計畫的社會效果。法國野生動物保護協會二〇一三年創建的兩

43 關於「公共」概念與非人類之間繫連的另一種思考，請見里雍內・莫黑（Lionel Maurel）的短文：scinfolex.com/2019/01/10/com- muns-non-humains-1ere-partie-oublier-les-ressources-pour-ancrer-les-communs-dans- une-communaute-biotique/。

44 另此一提，法國野生動物保護協會考慮建立一個網站，這個網站會按照捐款製作「所有權狀」，使該筆捐獻能夠幫助恢復自由演變的空間大小顯示在地圖上。

湖荒野生命保留區（Réserve de Vie Sauvage® des Deux Lacs）是很值得探討的例子。該保留區不僅沒有使它保護的空間遠離在地居民，反而努力將這些空間用不同於經濟開發的形式，歸還給他們：這個形式，就是和解、肯認。做法是以在地環境教育的形式入校分享、在市鎮多媒體圖書館舉辦展覽，或是針對保留區所在市鎮的公民展開倡議行動。好比說，（透過展示保留區裡的隱藏相機拍到的影像）讓居民熟悉保留區裡出現的動物，或是由自然學家擔任嚮導，小組小組地進去踏查。關鍵挑戰在於重新認識誰和我們一起居住在這個地方。對有時遺忘了周遭生命世界之豐富、或已對之失去興趣的湖畔居民，重新喚起這一件事。重新編織起這些居民與他們自己的地景間的繫連，讓他們能為庇護這樣一個地方自豪。

因此，讓森林自由演變，並不意味著人類無法與森林締結關係。可是，詆毀這些保留區計畫的人總是千篇一律回嘴：如果我們什麼都不能拿，我們就什麼都做不了。這還真是一個怪奇文明的徵兆啊，把「做」等同於「拿」。有種種的「做」、種種與環境締結的關係，都不涉及開採、開發或拿取，但這些「做」、這些關係，並沒有比較不真實、不強大、不正經。在這些保留區裡，我們捍衛的並非與森林的關係缺失，而是與森林的另一種關係，一種關係的重新建立。首先，要對抗經驗的絕滅。這些計畫的繁多挑戰之一，是回應與森林生活連繫的缺乏。要重新建立與森林的連繫，可以從跟隨法國野生動物保護協會已經往這方向努力的倡議行動來著手：那是在不傷害自由演變的前提下，以接待對森林已經毫無認識的人為使命的計畫。其中一個構想的計畫是與致力於這些挑戰的協會合作，讓小群小群的學生前來參訪：讓城市裡的弱勢人群有機會接觸自然。這是推展「自然權」(droit à la nature）的積極行動，這邊的「自然權」意思是「體驗森林在我們讓其開展時，究竟會是什麼」的權利。一種森林裡的民眾教育（éducation populaire）。

這些自由演變火源土地取得倡議行動的極限也在於其力量：為協會權（droit des associations）[45]提供倚靠的財產權在多大程度上能夠為保護賦予一段足夠的時間長短，

45 譯註：法國的協會權屬於私法，由《法國民法典》、〈一九〇一年法〉和阿爾薩斯—莫哲勒地方法（droit local d'Alsace-Moselle）所規範。協會是圍繞著共同計畫或共享活動而自願集結的人群，並不以盈利為目標。

讓保護能夠以幾個世紀的尺度來發揮作用？重大挑戰在於如何讓這些小空間的自由演變能夠以目前的機構、制度難以操控的時間尺度，持續直至永恆。某些法學家認為，財產權與協會權的結合是目前法律數一數二有效的安排。不過，這些自由演變計畫的捍衛者仍思索著更堅實的措施來確保保護能幾乎達到永恆。是不是該尋求利用「基金」（fonds de dotation）的法律地位，繞開傳統的形式，保障長期而言的土地取得？荒地聖母鎮（Notre-Dame-des-Landes）居民挪用、顛覆的就是這個「基金」地位。[46]還是利用「基金會」（fondation）的地位？基金會的原則是不可變更的，利用這個地位是為了消解在幾十年之間，協會的會員大會逐漸改變管理原則，使之遠離自由演變的風險。應不應該從法律的推陳出新汲取靈感，例如二〇一六年的「實在環境義務」（obligation réelle environnementale）？這套新的法律工具是一種強制形式，讓土地能不被開發。[47]還是，要把「不可供使用性」（indisponibilité）的法律原理（principe juridique）拍拍灰塵挖出來？法律史上，這項法律原理頻繁出現，如今卻少人聞問。思索持續進行中。

里雍內・莫黑（Lionel Maurel）在一篇細緻的出色文章裡，從「共同」的法律—

經濟問題出發，對法國野生動物保護協會這些倡議的力量與矛盾提出質問。[48]不過在

參考資料：https://cours-de-droit.net/droit-des-associations-a121611410/。

46 譯註：一九六三年，法國政府展開「大西部機場建設計畫」（projet d'aéroport du Grand Ouest），選址於荒地聖母鎮，因石油危機及農民抗議而作罷；而後，該計畫於二〇〇〇年重啟。為了阻止此計畫，反對者集結占領當地，這樣的占領從短期成為長期。作者前面談到的「應當捍衛之地」（ZAD），在法國最著名的就是荒地聖母的ZAD。

47 這一點由與土地權利人簽訂契約的第三方進行稽查，期限為三十年（立法計畫原本規劃的期限是永久，但這部分在二〇一六年的法律中沒有通過）。感謝莎哈・法努克森（Sarah Vanuxem）讓我注意到這一點，並感謝她對本文深具批判眼光的慷慨審讀。

譯註：茲節譯法國生態轉型與區域團結部、法國能源轉型部網站二〇二二年五月三十日的說明：〈收復生物多樣性、自然與地景法〉（loi pour la reconquête de la biodiversité, de la nature et des paysages）創建了一項新的法律工具，讓土地權利人能在其土地上開展永續的環境保護義務：實在環境義務……實在環境義務載於契約之中，使不動產權利人於其財產之上實施環境保護，期限最長可至九十九年。由於本義務附於財產之上，即使權利人發生變動，本義務亦仍存續。契約之目的須為生物多樣性要素或生態系之維持、保育、管理或恢復。職是之故，實在環境義務是一項環境保護的土地機制，特色在於其為契約性的，每位期盼投入環境議題的土地權利人都可以動用這項工具。參見：https://www.ecologie.gouv.fr/obligation-reelle-environnementale。

48 莫黑，〈用私有財產權拯救森林，或者新森林集體的矛盾〉（La propriété privée au secours des forêts ou les paradoxes des nouveaux communs sylvestres）。文章於二〇一九年八月十九日發表於*S.I.Lex*部落格上：scinfolex.com/2019/08/19/la-propriete-privee-au-secours-des-forets-ou-les- paradoxes-des-nouveaux-communs-sylvestres/。

我看來，非此即彼的二選一：「應該接受，還是反對私有財產權？」是錯誤的提法。問題不在接受、或是不使用、或是反對。問題在於，必須在明確且不同步的戰鬥時程表裡，同時啟動所有可能的槓桿。目前，這樣一系列的做法是有意義的：「接受」財產權，同時盡可能沖淡它的毒性；與此同時，啟動法律工作，創建能夠取代財產權的集體地位（這邊的例子是「不行使權利」〔non-usage〕之集體）；最後，啟動政治戰鬥，努力以多種方式超越私有財產權。這三項計畫是互補的，但時程並不相同。而我認為，不該因為獲取土地以保護環境的計畫利用了私有財產權這樣的權利，就譴責這些計畫墮落、變質。

生活與戰鬥就是挪用。荒地聖母「應當捍衛之地」所利用的「基金」是居宰制地位的開採主義經濟體系之產物，「基金」不是被構想來用在這個用途的，荒地聖母「應當捍衛之地」的居民挪用了它。我們同樣可以對財產權這麼做。要是法學家已經有提供各種以集體形式保護這些森林的實用有效工具，我們在這邊展示的森林捍衛倡議行動應該會非常樂意拿來使用。在法學家創造這些工具以前，還沒有跟財產權一樣強大持久的其他選項創造我們所追尋的緊急得無庸置疑的效果的時候，以財產權屬於「體制」為由，要求放棄財產權這項工具，我覺得並不恰當。除非就是要耽溺於批判體制，高聲召喚財產權的偉大終結，以此取代一切實地行動。

生之燼火

LES BRAISES DU VIVANT

從一座大教堂到另一座

我們已經看到這樣的行動如何獲得方法，去解決與開發遊說方力量對比不平等所導致的問題、保護的永恆與否所帶來的問題。儘管如此，那重要、核心的問題仍然是：生命世界目前面臨的危機如此劇烈，這類行動如果只在一些零星地塊上實施，真的可靠嗎？

這件事裡頭，帶來疑問的，是能不能擺在一起衡量：這類行動是不是具規模生態行動阿基米德槓桿的好例子？有人可能會宣稱，自由演變火源行動這種微不足道的理念與我們所面對的危機比都沒法比。有些人會說，「人家正在摧毀生物世界，你們在那邊講要恢復紙屑般的一片片小森林。人家在焚毀大教堂，你們高舉的解決方案是重建聖水缸（bénitier）[1]。」這種反對意見實際上蘊藏了對生物性質的深刻哲學誤解。

巴黎聖母院火災[2]的時候，我們看見社群網站出現了大量煽情的迷因。一張又一張的相片：被蹂躪的森林、被玷污的海灘、失去生氣的森林、被污染的海底，每張相片下面都寫著：「請重建這座大教堂。」

如此強而有力的圖像意在突顯，兩邊都是「無比珍貴的事物遭到毀滅」，金錢與動員能力卻是不成比例。如此的拼接對比有其中肯之處。然而，跟所有的隱喻一樣，如此的圖像在其他方面卻成為了阻礙。因為，生物並非烈燄吞噬的大教堂，而是逐漸熄滅的火。生物就是火本身。一叢發芽的火。這是另一個隱喻，是動態的、納入歷史脈絡的，與大教堂的靜態想像迥然有別：這個隱喻較為公允地對待生物事實的獨樹一幟。

為了避免被類比所困陷，首先必須說明烈燄吞噬的大教堂這個隱喻在描述生物多樣性情形的侷限。將之類比為文化古蹟的破壞，蘊含的意思是「永久毀滅」。然而，從演化與生態的觀點來看，生物不應該首先就被想成一座被「蠻族」夷為平地的古蹟。被想成一座人類之手建造的遺產。被想成那些永遠消逝的本土語言。被想成在帕邁拉

1 譯註：天主教堂設置在入口盛裝聖水的盆缽，讓信徒能手蘸聖水畫十字。
2 譯註：詳情可參林佑軒，〈聖母院火焚碎想〉。https://yuhsuanlin.ink/?p=700。

（Palmyre）[3]遭伊斯蘭國炸毀的巴爾夏明神（Baalshamîn）希臘羅馬式的神廟。生物不是人類用手製造出來的，凝止、脆弱、易燃的人類意義的遺產：生物首先說來，是一團創造性的火。不是我們創造了生物，是生物創造了我們。[4]

我使用「火」此一隱喻，在這裡的意思是，生物圈（biosphère）可能會縮減，變得貧乏而虛弱，但只需要幾點星星燼火，還有種種限制的解除（釋放出來的生態棲位〔niche écologique〕、更和煦的環境），生物就會蓬勃繁衍，四處擴散增殖。某個地方沒有生命只不過是因為外於生命的條件頑固不休阻止著生命，對抗牠永不疲憊的豐富生命力。

我說的「創造性」，意思是如此的生命輻射仍隨時可以創造成千上萬種新的生命形式。三十幾億年至今的演化時光中，生物原初的力量表現發揮，這樣的力量一言以蔽之，就是泛濫（prodigalité）[5]。生命「荒謬的泛濫」（absurde prodigalité）[6]，牠叢林式

3 譯註：敘利亞古城遺址，亦為聯合國教科文組織認定的世界文化遺產。

4 我這邊說的「生物」，指的是生態演化的全部動能與過程。巴黎聖母院有幾個世紀的歷史，蜜蜂、細菌、

紅毛猩猩（orang-outan）或人類的支系卻蘊含了三十八億年的生物轉變。

5 塞巴思基安・莒楚爾（Sébastien Dutreuil）在他的文章〈地球的本質是什麼？〉（"Quelle est la nature de la Terre ?"，收錄於Frédérique Aït-Touati與Emanuele Coccia主編，*Le Cri de Gaïa*, La Découverte, Paris，即將出版）對以蓋婭假說（hypothèse Gaïa）為基礎的生命概念進行思索，其中就精彩重申了這一點。他寫道：「一切就好像關於蓋婭的科學研究是以一個從未受到質疑的信念為基礎所進行的：作用於環境之上的生物與生命力量沒有極限，總是超過物理、化學與地質力量。……〔詹姆士・洛夫洛克（James Lovelock）與琳・馬古利斯（Lynn Margulis）的〕某些段落也見證了這份對生命擴張傾向的形上直覺：『生命傾向一路增長，直至能量或物質資源所決定的極限。一個行星可能要嘛沒有生命，要嘛生機滿溢（it teems with life）。我們懷疑，以行星為尺度，零星分布的生命是個不穩定的狀態，意味著才剛誕生，或是即將死亡。』」馬古利斯與洛夫洛克的引文摘自〈地球大氣的生物調節〉（Biological Modulation of the Earth's Atmosphere），*Icarus*, vol. 21, n° 4, 1974, p. 471-489, p. 486.

譯註：茲摘引張瑞棋於泛科學網站發表之專欄文章〈提出蓋婭假說——科學史上的今天：7/26〉（https://pansci.asia/archives/144814）來簡介蓋婭假說：洛夫洛克思考地球環境與生命的互動關係，而於一九七二年提出了「蓋婭假說」。蓋婭假說的論點是：地球提供了適合的地理條件孕育出生命，繁衍後的生命則反過來改變地球環境，並透過調節作用維持有利於生命的穩定狀態——包括大氣組成、氣溫、酸鹼值等。這整個是由小至細菌、浮游生物，大至森林、動物等地球上所有生命的反饋影響所致；就如同人會調節自己身體一樣，地球也可視為一個超級生命體。

6 尼采提出一切的慷慨都是力量的泛濫，他傳達的正是對這種生命冒險旅途的直覺：「生命的總體面向並非困境與匱乏，而是豐富、豪闊，甚至荒謬的泛濫——凡有奮鬥之處，奮鬥都是為了力量。」尼采，《偶像的黃昏》（*Le Crépuscule des idoles*），〈不合時宜者的漫遊〉（Incursions d'un inactuel），§ 14, trad. Patrick Wotling, Flammarion, Paris, 2005 (1889).

的捲土重來的能力，牠豐盈滿溢一如激湍的傾向，這些是如此真實，以至於一旦生命的條件再度變得有利，一點星星燼火、一小塊環境（只要這塊環境在生態上足夠生機蓬勃）就能重新生出欣欣向榮、能產生重大適應輻射（radiation évolutive）的生命。但要做到這一點，就必須珍惜最後的生之燼火。不是透過動物園的樣本動物這種荒誕的形式來珍惜，而是透過受到保護的、不與外界割裂開來——因為，一種生命形式的棲息地正是由其他所有生命形式交織而成——的環境裡的活生生的動物與植物族群這種形式來珍惜。這些環境要能彼此緊密連通，生物族群成員的數量還要足夠，這樣才能確保牠們在基因上足夠強固，並擁有改變、適應全球暖化後必然出現的環境變遷的能力。

達爾文有一個思想實驗（expérience de pensée），這個思想實驗在他對演化的理解裡扮演關鍵角色；他以此實驗為生命之火的性質建立模型時，對生命之火有個強而有力的直覺。在一八六二年出版的《蘭花》（*Orchids*）[7]一書中，達爾文觀察到某些小蘭花每株有多達十八萬顆的種子。他計算出，如果十八萬顆種子全都成功發芽，將會占據半公頃的土地；依此增長速度，牠們的曾孫輩（也就是四代之間）就會覆蓋整個地球。僅僅一株蘭花就將在四代之內，也就是四年之間，用牠的後代覆蓋整個地球——若且唯若牠所有的後代都活著。所有個體都會不同，每個個體都將獨一無二。而我們必須瞭解，棲居地球的一千萬個物種**理論上**都有**類似的**能力（不同之處只在於增長速度）。族群相對穩定是因為棲息地已經被占據了，而且大家都想活。但只要我們留出空間，一旦條件允許，生命的內在本質就會表現出來，這個本質就是變異的創造性增殖，有能力像火一樣覆蓋世界。[8]

7 完整書名為《不列顛與外國蘭花經由昆蟲授粉的各種手段》（*On the Various Contrivances by Which British and Foreign Orchids Are Fertilized by Insects*）。這是他在《物種源始》（*L'Origine des espèces*）之後的第一本書。

8 一些讀者在這邊大概會覺得不舒服，模模糊糊覺得這邊的隱喻並不允當，因為他們從「火」這個詞想像出了澳洲與亞馬遜雨林的超級大火（mégafeu）。超級大火作為生物危機的經典媒體形象，捕獲並啟動的，是摧毀了「我」家之火、使我為自己建造的世界轟然崩塌之火的古老創傷，我將必須從餘煙裊裊的爐墟之中，一磚一瓦重建這個世界。這個摧毀了「家」的超級大火的形象作為人類世種種毀滅的象徵，很輕鬆自在就被我們的心智接受了，實際上卻是一個涵義未獲體察的渾然不覺的陷阱。因為我們在這裡談的是另一個世界，是那個真的世界：共同的家屋。這個共同的家，我們並沒有建造，它並不是熵（entropie）定律所宰制的靜態結構，我們也無法重建它，建造它的是它自己，建造我們的也是它：它用它的生態與要理解生物圈的演化本質，就必須將之思索為一團活生生的火，一團**泛濫的**火——這種說法不含半點神祕主義，除了那種在我們之外與我們之中搬演的演化劇碼所需要的，平靜自在的神祕主義。

這方面的千萬個例子之中，自然學家闊學給出了具體的一個：「一九九八年，維埃納河（Vienne）[9]上的紅屋水壩（barrage de Maisons-Rouges）拆掉了，就此為洄游魚類開啟了康莊大道。隨後的幾個月裡，海七鰓鰻（lamproie marine）與西鯡屬的魚類（alose）就回歸到這個四分之三個世紀裡只有一片腐滯死水的地方，繁衍起來了！年復一年，牠們的數量不斷增加……很可能將近十萬條魚！我們做了什麼才得來這樣的幸福？什麼都沒做。我們就只是毀棄了混凝土鑄造的致死罪愆，這招引死亡的不幸混凝土在太長的一段光陰中讓維埃納河流域水清無魚。再次強調：這裡並沒有七鰓鰻或西鯡屬魚類的養殖！牠們是自己回來的，沒有我們的幫助，不過另此一提，也沒有我們的束縛。」[10]

像這樣是在修復（restaurer）生態系嗎？我們修復一幅傑作或是一座教堂。也就是說，我們將我們的組織才華應用於這凝止的物質上，讓它恢復到原初的狀態，對抗光陰的流逝，而形象化了光陰如此流逝的，正是必然傷損我們意欲修復的實體的熵。將「修復」這個隱喻從人手建造的遺產領域引進到生態工程（ingénierie écologique）中，反映了我們對生命世界、對我們與生命世界關係的深重誤解。在生命世界裡，光

演化動能、地球上的生命歷史自我建造、建造了我們。因此，焚燒家屋的這個隱喻迷失行動，而非啟動行動。「如何捍衛它？」的這個問題，必須採取另外的提法。必須以火攻火：以帶來重生的創造性之火來隱喻生命，抗擊毀滅之火的形象。因為，為地球上的生命恢復本身力量，描繪出一個我們與生命較為準確的關係的，正是重生與創造之火的生命隱喻。這樣的貼切關係遠離了焚毀自己的創造物、同時忘記自己可沒建造這個家的人類，那普羅米修斯式的傲慢與羞恥。人類尤其忘記了，如果我們為這個家留下、恢復適宜的環境，這個家就首先是自立自主的重建力量。將生命隱喻為火，就與這個隱喻的對象——生命，重新締結了一種比較合宜、貼切、更能帶來啟動、更為複雜精緻的關係。之所以必須重燃生之燼火，正是為了對抗超級大火。

9 譯註：法國西南部河川。

10 參見《野生森林協會通訊》, n° 4, p. 4.

陰的流動並不是熵，也沒有什麼原初的範本等待尋找：變化發展的流動自我組織，創造、再創造出種種形式。在這個流動中，我們什麼都修復不了：只有生物動能可以自我修復，我們最多只能恢復最低限度的環境條件，讓生命能自我修復。為了將技術隱喻應用於生態工程的弔詭發揮到極致，也不妨換句話說：我們最多最多就只能為一具我們**並未建造**的機器，以我們慎重微妙的行動來修復我們破壞的種種機械結構，讓這具機器自我重建。[11]

一言以蔽之：我們修復我們所製造的；我們無法修復那製造了我們的。

海洋生物學家最近有一項哲學訊息強大的發現：大翅鯨（*Megaptera novaeangliae*，亦譯為座頭鯨）這種壽命能達到八十歲的非凡鯨豚類，據信已經回復到開採主義捕鯨運動開展以前的數量。我們有像修復凡爾賽宮那樣修復大翅鯨嗎？完全沒有。那是發生了什麼事？只要實施合宜的保護措施實施得夠久就可以了：即單純停止人為的逼迫——於一九七〇年代末禁止一切形式的捕鯨。四十年之間，大翅鯨族群輻散一如生命最燦爛的煙火：從一九五〇年代末差不多四百四十頭，到今日據信有至少四萬頭大翅鯨在各大洋四處遨遊。[12]我們就只是讓牠們族群的動能發揮表現而已。這是生命如火般的本質又一個精彩的例子。我們並不再生生物，我們引燃牠自立自主的再生之力：我們讓生物發揮牠本身的韌性，我們讓敏感而不張揚的最低限度條件到位，使生物恢復全部的生命力。[13]以自主的方式修復自立自主的機制，而後就能以修理工之姿

---

11 在這方面，請閱讀哈法葉．拉黑禾（Raphaël Larrère）的精彩文章，〈修理工、工程師，還是治療師？〉（Le réparateur, l'ingénieur ou le thérapeute ?）, *Sciences, eaux & territoires*, vol. 3, n° 24, 2017, p. 16-19.

12 參見這篇文章裡提到的大翅鯨等海洋物種族群數量的上升：C. M. Duarte、S. Agusti、E. Barbier 等著，〈重建海洋生物〉（Rebuilding Marine Life）, *Nature*, n° 580, 2020, p. 39-51. 這篇《自然》期刊的重要文章揭示了，如果我們把永續漁業、對抗海洋棲息地的污染與破壞、對抗氣候變遷結合起來，就能預期在三十年內讓全球海洋重返舊日的繁榮、健康、海洋成員數量。一項又一項保育的成功展現了「海洋的韌性」。這篇文章引人玩味之處在於，它明明已經特別把一旦停止人為逼迫，就能自力重建的海洋生態系這火一般的力量拿出來單獨關注，它的標題卻還是〈**重建**海洋生物〉。製造、修復、重建明明沒辦法製造、修復、重建，但它本身會自行重建的事物這種普羅米修斯式的想像沒有人能倖免，連最透澈洞悉生命自立自主之力的保育人士也不例外。

13 我們將在後面看到，這必須重視「消極的直接行動」（action directe négative），而非「積極的直接行動」（action directe positive）：消極的直接行動是融入事物的力量中，在某一點上微調生態動能來賦予牠們活

隱身消失。某方面來說，捍衛生物就像教育孩子，要做的是努力發揮出自己身為教育者或整治者的無用：致力於拭去自己的影跡。

捍衛爐火

捍衛自由演變火源的理念與當前生物危機的規模某種程度上能夠擺在一起衡量，因為這項理念寄希望於生物如此的特質：生命不是大教堂，是火，一叢只要我們留出空間與時間，就會自我重建，開展，創造千千種形式的火。[14]而這並非巧合，因為構想這項機制的是一流的自然學家，他們仔細研究了一旦我們解除壓力，環境自我重建的力量：一旦我們停止使用殺蟲劑，授粉者的回歸；一旦我們拆除水壩，各種洄游魚類的回歸，牠們在我們的河流裡上溯到非常遠的地方；一旦我們不再消滅獵食者、森林又充滿獵物，獵食者的回歸。[15]要做到這些，並不一定需要廣大的空間（雖然大空間的生態效用要大得多）：自然學家揭示了，就算只是一座由僅僅一棵老樹或幾十公頃的森林組成的衰老島（îlot de sénescence），如果我們給它足夠的時間，它也會發揮散播生命的作用，扮演向四周輻散新生的縫隙的角色。[16]

對我們人類這種哺乳類來說，老化意味著衰敗，我們這個物種所不懂的弔詭是，森林不會像我們一樣老化：森林愈老，就愈輝煌燦爛、輻散流淌。古老的森林是青春

力，讓牠們表達牠們全部的力量。相反地，積極的直接行動這個模式蘊含的與生物的關係則是這樣：它首先必須將生物變得依賴而不自主，以使牠易於操縱，這導致了隨之而來的駕馭牠、保護牠的家父長式必需。

14 有些人可能會對這個隱喻感到震驚：在我們的歷史中，火主要被拿來當成摧毀的形象（例如蜂鳥對抗火災的隱喻），而非生命繁衍傳播的形象。然而，不管隱喻怎麼說，火的生態現實與驚人且無可挽回的毀滅截然不同：好比說，在北美洲的大森林裡，火雖然帶來干擾（它摧殘生物量），卻是環境再生的珍貴助手；許多物種已經演化成促進火、並獲益於火的作用，好比耐火（pyrophile）的松樹，或是冠藍鴉（geai bleu）。

譯註：蜂鳥對抗火災的隱喻典出蜂鳥的一則故事：蜂鳥從池塘吸取一點點水，然後將這些水吐灑在燎原的森林大火上。人類與其他動物跟蜂鳥說，這麼做一點用都沒有。蜂鳥答道，牠只是在做牠分內該做的事。

15 這方面請參閱史迭梵・莒杭（Stéphane Durand）、闊學，《讓我們重新野化法國》（*Réensauvageons la France*）, Actes Sud, Arles, 2018.

16 「衰老島」是森林管理的工具。它指一塊區域刻意荒廢以進行自發演變，直到樹木完全倒塌，森林發展週期（cycle sylvigénétique）重新開始。

之泉。我們愈是讓牠變老，牠就愈年輕，牠恢復土地生機的力量就愈強大，牠就愈豐盈滿溢著生命。牠的整片土地都是如此，直到使牠周圍的世界都重獲新生。

如果生命世界首先說來是一座大教堂，這場仗我們已經輸了。[17]如果生物是火，問題就不同了：只要我們給自己槓桿、意識、動員，問題就是我們處理得了的。於是，問題就變成：首先，如何保護燼火？捍衛我們周圍四處的生之燼火。

這是我們的戰鬥。我們會在森林與山巒，在我們的花園、我們的城市，在田野與我們的道路，處處戰鬥。我們永不投降。

關鍵挑戰在於維持與重新創造讓這些燼火重燃的條件：棲息地、沒有破壞性化學投入（intrant chimique）的健康環境、遺傳連通（connecté génétiquement）[18]的族群、並未支離破碎的棲息地、受保護的自由演變火源、連接這些火源的通道……。

行動之所以可能，是因為幾十億年來生命原初的力量，正在於生命提案的豐饒、饋贈的慷慨、差異的繁複：生物圈是覆蓋地球的活火，如果我們懂得捍衛燼火、撥旺燼火，這生命的活火隨時可以重新開始。

依循如此隱喻，這些歸還給其他生命形式的保留區、野生森林、保護區——所有這些自由演變的**火源**，又會是什麼模樣？我們於是懂了，為什麼我會選用「火源」（foyer）這個詞來統一這個概念：這些地點是保護生之燼火，並向外輻射流淌的火源。它們是活生生的共同火源，流淌著生命：之所以說是「火源」，是因為正是從**這裡**開始，一切能重新出發。這些火源是開放的（我們可以進去，牠們可以出來），我們於

17 而事實上，演化的某些創造將永遠消失：沒錯，恐怕會消失、且永遠不會再次產生的，是物種。但還要更嚴重——是一份份完整的生物體建築圖樣，這些圖樣來自幾億年盲目隨機獲得的設計，要創造這些非凡的作品，必須以幾近不可能的方式，組合演化歷史、遺傳和表觀遺傳的變異。如此的記憶將化為煙塵泡影。但生物圈本身並沒有因為我們的行為而遭到威脅；無論我們如何傷害生物圈，生物圈都活得下來。問題在別的地方：將遭毀滅的，是我們與生物的關係，這些關係卻自外、自內構成了我們。陷入危殆的並非一般而言的生之燼火或生之燼火本身，而是打造了我們、自人類出現以來就與我們共同演化的生之燼火。

18 譯註：生物體間因基因交流產生的遺傳連接。這種連接可以發生在個體、群體甚至物種之間，在進化生物學中意義重大。

此小心翼翼保護著燼火，唯恐有失；這些燼火正是火燄在未來動身開拔的多重源頭。這些火源是熱烈活躍投入抵抗的，就好像對抗環境所承受的開採主義戰爭的一道道防火線（contre-feu）。為了燃旺生之燼火。為了維持未來的潛力，讓這個飽受摧殘的世界能重新煥發生命。

將生物比喻為火是面對特定的系列問題時，周詳且中肯的一個隱喻，而不是意圖窮盡一切面向的描述性概念。[19] 與火繫連的想像的確如實映照生物運作的某些面向；火是澈底動態的，充滿種種幾乎無形的性質。好比說，生物的本質確實就是演化與生態動能，每個生物組成並傳遞的記憶的共同演化，而不是這個或那個生態區室裡靜止不動的生物量；生物量總是流動不息。從行動的角度來看，這突顯了一座森林裡，該保護的不一定是生物量，而是動能本身、記憶、平衡機制，還有適應潛力。

火焰的質變（métamorphique）想像也涵納了生物的演化運作：形式產生了變異與演化轉變，在生態棲位騰出空間時輻散擴張。

這個隱喻有其極限，卻能帶來溫暖與一點啟發，它就像一個歇腳處，讓人在此休養生息，復甦能量，然後再出發去創造更好的表述方式與更公道、更貼合這個世界的行動。

新的火之戰爭

昔日火之戰爭的故事，是部落日復一日全體動員，留心保護燼火的故事。這是為了防止燼火在史前時代熄滅。某種意義而言，到了今天，挑戰仍然相同，改變的是火的性質。今日要做的，是捍衛生之燼火，珍惜生之燼火，撥旺生之燼火，讓這些燼火能自己再度燃起，重新散布熱、散布光、散布慷慨。要做的，是用千千種方式來保護燼火，自由演變的火源只是其中一種，還有那麼多種等著我們創造發明。

19 火的某些核心性質並無法適切轉用於設想生物：生物不會產生高熵結構，也沒有內在的破壞力……火的類比也沒有照顧到生物的某些核心性質，這個類比用來談論生物時，有其本身的限制：火不會變得多元多樣，也不會創造發明出種種形式，這些形式之所以有持續性與創造性，是因為它們是由與環境、與他者進行創造性對話的記憶所構成的，它們是一樁樁共變（covariant）的記憶，環境演奏它們一如演奏樂譜。

這就是新的「火之戰爭」：此後要保護的，就是生之燼火。而這一回，我們要對抗的，是我們自己。但注意了。不是要對抗我們這個物種。不是要對抗整體人類。不是要對抗人類必然的命運。在我看來，各個協會裡流傳的某些自然保護想像潛藏了對人類的恨惡，這是該批判的。錯的不是「籠統來說的」人類，而是「某種晚近的經濟與政治形式」、「某種破壞性的社會代謝（métabolisme social）」、「某種與世界的特定關係」這三者的偏差，這樣的偏差被樹立為標準、樹立為唯一至高的「進步」（Progrès）：某種類似金融化的生產主義式開採主義的東西，把商業邏輯延伸到所有應該被排除於此邏輯之外的事物，完全無法節制。這得到了一種把生物「廉價化」（cheapisation）的晚近文化的支持：「『廉價化』生物」指的是同時在本體論上貶低生物，將生物非政治化，並將之轉變為廉價原物料的過程。[20] 但人類也是某些人類活動及其系統邏輯造成的問題的解決方法。

在我們身處的第三個千年裡，新的「火之戰爭」重拾並顛覆了人類計畫與「自然」

關係的神話。現代人曾經相信，那是一個支配與征服生物編織的計畫，為自外於生物群集（communauté biotique）的人類社會帶來好處。但這樣的觀點其實是地方性的、晚近的：三十萬年來，人類與生命世界關係的旅程，在所有的地區、無數種無法簡化的文化面貌之下，其實就是一項宜居性（habitabilité）的計畫。這項計畫不是占有世界，而是**適應**世界。我們的祖先使用了五十多萬年的火首先是生命之源，而不是毀滅的武器。這場人類旅程難以言傳，不過某種意義上，可以一言以蔽之為：讓生活過得下去，讓世界變得宜居。[21] 然而，近來生態思想有意識地發現了一項其他民族早就日復一日在他們與生物關係中啟動的事情：只有全體生物編織的生活過得下去，人類的

20 參見拉傑．帕特爾（Raj Patel）與傑森．摩爾（Jason Moore），《我們的世界是如何變廉價的》（*Comment notre monde est devenu cheap*），trad. Pierre Vesperini, Flammarion, Paris, 2018.

21 文化多元多樣的人類族群探索了一個充滿各種可能生活方式的空間，但這個空間並不先驗地存在，它是由探索本身打開的。一切的挑戰就在於探索它的同時，還要保持未來探索的可能；方法是珍視可能性的開放，亦即珍視生命環境的永續，珍惜那些維持著我們全體生命的編織。永續性因此是人類冒險旅途的一項必要條件。

生活才會過得下去。只有世界對其他生物而言也宜居，世界對我們來說才會宜居。因為，我們只不過是與其他生命形式編織在一起的一個關係之結。

這個有點過時的火之戰爭的主題今日之所以值得一探，是因為它提醒了我們，將人類的未來與保護生之燼火繫連在一起是必要的，這兩者的性質是無可分離的。就好像那個古老的故事，沒有團結護持燼火，部落就沒有救贖。請一起看顧生之燼火。但最重要的是，這個集體參與因此不像是意志必勝式的抽象綱領，而更像是明確的行動協議：與抱著一桶水撲向烈燄吞噬的大教堂，或是在教堂前的廣場上、我們自以為的無能為力之前恐慌、祈禱相比，保護燼火更為允當、更合乎尺度、更可行。

超越保護

最後，新的火之戰爭這個隱喻激發了我們常常遺忘的雙重想法：保護生物當然是必要的，但弔詭的是，與此同時，又必須把生物視為比我們強大、比我們古老的東西。一道力量，一種編織，一個打造了我們的過程。我們的文化傳統有個成見：我們必須保護的東西總是比我們弱小、比我們脆弱，**次於我們**。菲利普・德思寇拉（Philippe Descola）在《超越自然與文化》（*Par-delà nature et culture*）中指出，「保護」的關係模式從定義上來看就是不對稱的，它必然會導致被保護者**遭貶抑**為比保護者卑下。如此的關係模式是自然主義（naturalisme）的正字標記。有些人杜撰出了身為異者（altérité）[22]的自然，與之相對的是高於自然的人類，而人類之所以高於自然，是因為獨獨人類擁有理性的內在，能以「保護」的形式思索對環境的照護；前述的自然主義關係模式正是這類人的怪奇之處。[23]

22 譯註：Altérité意指與己相異的性質。因譯為「他者」易與其他詞彙混淆，此處譯為「異者」。

23 「捍衛生物乃是保護比我們還強大的」此一弔詭讓我們能夠回應那些連自然「保護」這個概念都批判的人，他們認為這個概念是最新的殖民主義，內建的意識形態蘊含了對它所保護之事物的貶低。講「捍衛生之燼火」能夠迴避「自然保護」這個概念傳承下來的某些有問題的東西。

以往的「保護自然」必須重新思索為「捍衛生命世界」，而這正是因為生命世界完全沒有比我們卑下。「保護自然」不如說是一樁罕有人強調的弔詭：保護比我們強大之物。看顧一團泛濫烈燄的燼火。看顧一團曖昧模稜之火，因為生物跟火一樣，並不是為了我們而存在的，牠並不和善慈祥，牠非常慷慨，但牠可能是危險的，我們必須與牠協商。

然後，沒錯，「捍衛火」這個隱喻確實激發了保護的激情，但這樣的激情與對「自然」的憐憫態度那種怪異的狂妄大相徑庭。後面這種同情是以保護弱勢群體、兒童、身心障礙者、保護我們對其負有責任的無助生命的模式來思索生物保護。火的隱喻為生物恢復了繫連我們與牠的弔詭：牠不在我們的支配中，卻有待我們捍衛；牠是我們的世界，卻也是那些危疑不定的燼火；我們加諸的傷害脆弱了牠，但牠比我們還強大；牠召喚我們保護牠，卻又遠比我們巨大。捍衛牠就是撥旺牠。順此一提，這就是為什麼恰當的保護形式唯獨在於寄希望於**牠的**自身力量：我們既沒有手段、也沒有能力透過科技的干涉主義（interventionnisme）、人工設計一個新的地球生態系、無人機授粉或地理工程學（géo-ingénierie）來「拯救」生物。正是由於**牠的**力量超越我們，如果我們讓生物發揮，為牠恢復環境來讓牠表現牠的韌性及與生俱來的豐盈滿溢，牠就是**唯一**可以再生的。[24]單純透過幫牠恢復環境來讓牠本身沛然莫之能禦的力量、物質循環還有演化潛力發揮表現出來，撥旺牠的內在力量。保護那超越我們、又包含我們的。

某些方面而言，昔日人們構思傳統的「自然保護」時，安裝了錯誤的軟體：那不是保護，也並非自然（「自然」是二元論的代代相傳）。我們於此關注的脈絡裡，要做

24　此處的論述是在科技面、而非道德面反對用地理工程學與各種生物工程（bio-ingénierie）來取代「生態服務」（services écologiques）。這種再生能力在車諾比核電廠遺址顯而易見、甚至驚心動魄。荒野生命大量回歸當地，如今已有豐富文獻記載。為了給技術一個公道，在這邊必須補充：技術企圖取代那些超越我們的力量確實是不恰當，但如果技術的目標是促進解除限制或啟動生物本身的力量（例如關鍵種〔espèce clé de voûte〕的再引入就屬這類），其作為生態工程就是有用且必要的。
譯註：關鍵種亦譯基石種。於此引用陳正興，《環境科學大辭典》：「〔關鍵種是〕對群聚結構具有重大影響的物種。在一生物群聚中，關鍵種的豐度或生物量可能並不是最多，但是牠們通常在食物鏈上占據重要地位，去除該物種則會導致群聚結構的顯著改變。」出處：https://terms.naer.edu.tw/detail/1320853/。

的是改變概念的想像：保護自然並不是用居高臨下的方式去擔負一個異者、擔負被設想為一座脆弱、被動、無力的神廟的外者（dehors）[25]，而是去撥旺一叢多形多樣之火那星星點點的燼，這叢千變萬化的火構成了我們，我們是這叢火其中的一個面目，這叢火不斷被自身力量建造復又重建，並在這樣的過程裡庇護我們，給予我們生命。

「保護自然」的想法確實還包含另一個陷阱：將「自然」當成一個從二元對立的現代宇宙中繼承下來的實體來召喚。這個思想的暗礁將世界剖為兩個分開的區塊，一邊是人類，另一邊是「自然」。當我們瞭解到，「自然」這個詞把我們帶進二元論的死路，「保護」則是我們與生物關係的家父長式構想——那麼，「保護自然」將會變成什麼？變成「重燃生之燼火」，也就是為恢復生態演化動能的活力及其全然的表現發揮而奮鬥。變成去捍衛我們跨物種的生活環境：捍衛構成了我們、比我們還巨大，但我們又必須照顧的那些力量。

一旦我們超越了對「自然」的信仰、超越了保護的家父長主義（paternalisme）、超越了二元論，重燃生之燼火單純就只是對昔日所謂「保護自然」的重新描述。這個說法因此結合了三個哲學關鍵：生物不是一座大教堂，而是一叢火；我們不能家父長式地保護比我們還巨大的事物，但我們可以為牠恢復牠自立自主再生的條件；我們並非以人類的身分來保護據稱是「自然」的某個異於我們的事物，而是以生物的身分來捍衛生物，亦即捍衛我們多重物種的生活環境。

最後，為了往這方向努力，重要的是不要做出「捍衛自由演變火源完全就只是『環保分子』的事」的結論：保護這些空間之所以有意義，並非首先出於愛花愛動物的名義，而是出於保護那些將我們編織進世界的構成關係的名義。出於「捍衛那造就我們的世界」這個清晰無疑的當務之急。並不是因為生物對我們有用，能提供可以量化的服務，也不是因為生物脆弱易傷，召喚我們的同情，我們才捍衛生物，而是因為生物

25　譯註：此指外於保護者的事物，茲循「異者」體例，譯為「外者」。

的力量，那些塑造了我們，將我們與其他所有生命形式編織在一起，至今仍日復一日為我們挹注生命的力量。

最後的不妥

由此觀之，對泛稱的自然展現同情的論述就頗有滑稽可笑之處了：它暴露了它對自己聲稱珍視之物的無知。生命世界是我們的「提供饋養的環境」(milieu donateur)[26]，是雕塑我們、餵養我們、折磨我們、讓我們狂喜的樂器，充斥著種種必須與之協商的力量：生命世界不是網路上流傳的被暴力對待、形象激發出幼體延續[27]的柔情與憐憫本能的小海豹。這是晚期現代人的偏見，晚期現代人活在一個人手**製造**的世界裡，把遭到毆打或屠宰的動物、或是備受摧殘的北極熊，當成「自然」的典型。

容納了韋科爾荒野生命保留區的里昂峽谷讓我們知曉，這種主要以**脆弱性**來設想生物的單面向態度是不妥當的，它把我們能與生物維繫的各種關係化約為紆尊降貴的同情。當我們在里昂峽谷裡前進，我們被黃楊（buis）擦破皮，無數鳥鳴弄得我們暈頭轉向，我們沉浸在花粉狂歡縱欲的性裡，耳裡嗡嗡鳴響著千千種輻輳交會的靈巧生命形式，我們**以少數族群之姿**生活了一天，在老鷹愛意繾綣的求偶飛行儀式下，我們從內心感受到，把「自然」講成必須「拯救」的脆弱的小東西是不妥當的。剎那間，我們察覺到前述居高臨下的同情裡，弔詭地隱藏著的無恥全能神話（地獄是由善意鋪成的）。生物身為須要我們顧念敬重的生命形式的編織，就是我們的世界。是種種力量，召喚著永不休歇的協商，以讓我們依憑牠們生活、與牠們一起生活。是種種厚實

---

26 努睿特・伯德—大衛（Nurit Bird-David），〈提供餽養的環境〉（The Giving Environment），*Current Anthropology*, vol. 31, n° 2, avril 1990, p. 189-196.

27 譯註：茲摘引莫席左於前作《生之奧義》（*Manières d'être vivant*）所寫的：每當您面對一個小貝比，心中充滿柔情——這是幼體延續（néoténie，亦譯為幼態成熟、幼期性熟），這種在任何物種的幼體前自發的柔情，是哺乳類共享的特質：它揭示的不是您人類的多愁善感，而是您動物的同理心——的時候，正是古哺乳類（paléomammifère）發明了這種在您之中、從您體內，穿越了幾百萬年，像幽靈一樣升起的父母般的眷戀。

著時光，內部蠢動著無數祖先傳承的力量，等待我們不顧其遲疑，去翻譯、去影響、去建構，以創造世界主義式的環境。而其並非等待我們拯救的最後的天真無助者，而是等待我們重燃的一叢泛濫豐盈的火，一叢「應當捍衛之火」（Feu à Défendre）[28]。保護這個世界並非拯救天真無辜者：我們是生物在捍衛自己。

遠非崩潰

此處，我們在智識與政治面上要做的，是將這兩個看似矛盾的面向結合起來：生態危機的**現實**（八分之一的物種可能在今後數十年裡消失），以及生物**與生俱來的泛濫豐盈**（二十世紀中葉，法國只有幾十隻河狸倖存；如今，法國有超過五萬隻河狸，全憑這些原因：牠們棲息地限制的解除、使命必達的保護政策）。

直截了當地說：生物圈沒有正在消失。[29]一如某些誠心相信自己在捍衛生物的人出於好意所為的那樣去斷言「地球上的生命正在崩潰」，講好聽一點是意思模糊不清

（確切而言，崩潰的意思是什麼？），講難聽一點就是完全錯誤、廉價地宣揚大難臨頭（如果我們把這個隱喻當真，將生物的崩潰想像成建築物或系統的崩潰，那這個隱喻就不適切了，因為生態與演化的各大主要功能都並未瀕臨崩潰）。

一言以蔽之，生物並未「崩潰」：這種講法的含糊、它散發的末日災變的臭味，都並未公正對待生物（也沒有公正對待我們：「崩潰」之說同樣瀰漫著人類中心主義〔anthropocentrisme〕的狂妄自大）。不，生物圈不會「死亡」：陷入危殆的，是無數的生命形式、無數的生物間關係，古遠得無以追溯的編織；最後，瀕臨消失的，是我們與目前的生物之間的構成關係（而非生物本身）。

必須公正對待情勢的矛盾：必須清楚認識我們打算捍衛的對象，如此才不會耽溺於

28　譯註：此為作者鑄來呼應前述「應當捍衛之地」的說法。

29　在這方面，參閱克里斯．托馬斯（Chris Thomas），《地球的繼承者：自然如何在滅絕的時代繁榮》（*Inheritors of the Earth : How Nature Is Thriving in an Age of Extinction*），Penguin, Londres, 2017. 這本書相當撩撥情緒，結論有時值得商榷。

誇張簡化、自我實現的末日災變論裡（如果「一切都已完蛋」，首先，保護的能量就都是浪費；其次，我們會連該在哪裡應用保護的能量來力挽狂瀾都茫然無緒）。重要的是，要學會在理解發生的事物時，維持住經驗主義的正直，不要陷入奔放不羈的預言裡：要學會將有時彼此矛盾的種種觀察並置齊觀。好比說，在西歐，既必須看見小型動物折損（主要是昆蟲和田野鳥類）的災難性質，亦應當肯認大型動物回歸昔日荒廢的地景並蓬勃繁衍（藉再引入〔réintroduire〕[30]之助，禿鷲〔vautour〕、胡兀鷲〔gypaète〕、羱羊〔bouquetin〕回歸，鹿與西方狍數量增加，鮭魚回到了阿列河〔Allier〕，還有其他幾十個案例……[31]）。當然，以環境功能的角度來看，消失的比回來的還嚴重——但這就把對的敵人指認出來了：此處的具體案例裡，從這樣的診斷裡浮現出來的罪魁禍首，是植物保護劑（produit phytosanitaire）的大規模使用；更廣泛地說，是工業化農業相關產業「及其世界」。

以該有的精確來表述問題是必要的，如此才不會讓進步主義（progressisme）的狂妄自大滲透進對技術—工業現代性的進步主義的**批判**裡頭：我們並未讓生物陷入危殆——但現在正在發生的事並不因此而較不嚴重、較不悲慘，這些正發生的事也一刻都不允許一切繼續照常不變。我們所危及的是成千上萬的生命形式，多樣性的這部分與那部分，最後，我們還危及了我們與撐持我們的生物世界的構成關係，所以我們的生存環境也陷入危殆，一如最近幾十萬年來與我們一起進行演化冒險的物種與生態系的面貌。而這完全足以澈底改變我們與世界的關係、與生產的關係、與開發的關係、與生物的關係。

生態行動槓桿

當然，單靠這個自由演變火源創造計畫並「無法拯救世界」。不過，要拯救該拯

30 譯註：保育生物學的策略，指將在某處滅絕或消失的物種重新引入該地區，以恢復其自然種群和生態系功能。這一策略旨在恢復生物多樣性，讓生態平衡，強固生態系。

31 這方面請參閱闊學、莒杭，同前引書。

救的，就必須創造出無數強大的想法，自由演變火源創造計畫就是這類點子的好榜樣。另外，它可以擔任新的「火之戰爭」的大旗，而這場戰爭必須以眾多形式開展。

以土地獲取來創造自由演變火源的計畫值得咀嚼，因為它具備能與危機相稱的生態行動槓桿在今日非常渴求的某些特質。好比說，反抗滅絕（Extinction Rebellion）運動[32]激勵了正好強烈不滿於我們政治沒完沒了的妥協，渴望追求基進的公民。要基進？自由演變火源計畫就有：在此，再也沒有那些在公共地域管理中無處不在的對開發者做出的妥協。再也沒有工業化農業相關產業或狩獵團體的遊說力量，**這一次終於**，它們被請出門外。這是火之捍衛者的一項壯舉。

我們想要有效性？這個計畫也有：它為未來的古老森林做出貢獻，這些森林將是地球上數一數二優秀的碳匯。[33]我們渴望對金錢支配世界的統治來一個顛覆性的挪用，造福生命世界？我們想要現在就有感的效果、人力所能及的奮鬥，或是我們的行動在八百年後、八千年後，以未來可能的古老森林為比例尺所放大得到的成果？這個計畫正是一條給捍衛火的女女男男所走的路。

但還有其他道路等待開拓。本書的主題不是自由演化，本書的主題是槓桿。透過一個具體案例，我們所感興趣的，是如何透過各種異質想法的交會，舉重若輕拼湊補綴出一個單純的想法，其中總是有一抹歷史感、一種與生物的關係（隨時制宜的顧念敬重〔égards ajustés〕[34]），一種與某個「世界」——這邊的「世界」指的是某個總體社會計畫——的相容，以及一種在生態政治學（écologie politique）上的成熟（不抱持「技術解決一切問題」的態度），它們所帶來的效果就是捍衛生物編織的收回重啟，以及公民重新接掌照護我們的生活環境。但公民重新接掌不代表國家撒手不管。國家必須強化其捍衛生物的角色，支持並促進公民倡議行動，而非袖手旁觀。

32 譯註：二〇一八年五月開始的全球環保運動。該運動旨在以非暴力抗議和直接行動促使政府和企業採取更積極的環保措施，應對氣候變遷和生物多樣性喪失。該運動以基進和別出心裁的抗議方式著稱，例如封鎖道路、占領公共場所和舉辦大規模示威活動。

33 譯註：puits de carbone，亦譯碳吸儲庫。

34 關於隨時制宜的顧念敬重這個概念，請見莫席左，《生之奧義》，結語, Actes Sud, Arles, 2020.

這些捍衛森林的槓桿必須採取多種形式，從自由演變到非暴力林業，中間有無數種層層遞進。在自由演變這一塊，槓桿已經輩出：PRELE、FRENE、RAF。[35]就連法國國家林業局（Office national des forêts, ONF）都謹小慎微地走上了自由演變的道路。但行動也發生在集體的、非制度性的倡議層面：上薩瓦省（Haute-Savoie）[36]的一個村鎮公共社區（communauté de villages）集結起來購買了一座森林，他們正在尋找一種將森林變作共有的機制，並思考隨時制宜的顧念敬重來在那裡捍衛生物動能。[37]這就是重新接手捍衛生物編織。

這些都是閃爍著具體想法的結合，這些具體的想法被攏在一起，讓人能把世界擺正擺好，讓世界滑移入另一個山谷，一條阻力較小、與生物和睦融洽的路。

我沒辦法在此給處處發明的所有這些槓桿一個公道，土地上窸窣湧動著成千上萬的槓桿。繫連於充滿生機的土地、珍視這塊土地的行動者啊，他們的創造力無窮無盡。我只能單獨探討這些槓桿的異中有同之處，以便指認它們。

這是一個必須以相互依存的角度來看待的想法。[38]

這個想法就算在地，也仍然必須像人們說的「對抗機場及其世界」[39]那樣，為「某個世界」奮鬥：換言之，讓某個社會計畫萌芽。

但這並不是說，這個想法必須方方面面都無瑕無疵，只相容於某個要等偉大終局來臨才能成就的理想。

這個想法必須重燃生之燼火。必須超越人類與「自然」的二元對立。必須在為生物奮鬥的文化裡占有一席之地。我們一旦找到了這種想法，只要把所有集體能量投注其中就可以了。老實講，時間拿來做什麼會比這個更好？

35 自由演變空間區域計畫（Programme régional d'espaces en libre évolution）；隆—阿爾卑斯森林自然演變（Forêts rhônalpines en évolution naturelle）；另類林業選項支持網。

36 譯註：法國東部省分，與瑞士、義大利接壤。

37 這點請見上薩瓦省活力森林協會（Forêt vivante）的倡議行動。

38 請見莫席左，《生之奧義》，〈來到夜的彼端：走向相互依存的政治〉（Passer de l'autre côté de la nuit. Vers une politique des interdépendances），同前引書。

39 譯註：此指前述之荒地聖母反機場抗爭運動。

不再架空離地

當我們把保留區本身想成是自我封閉的，與周遭世界沒有連繫，就可能會有捍衛架空離地（hors-sol）的土地的風險。當我們沉淪於此風險，這些倡議行動看來就似乎對其他已遭人類化（humanisé）的土地漠不關心，這就讓對野生森林的捍衛看似淪為**只有**讓自然得益的奮鬥。而我們更是不幸地繼承了一個「人類」與「自然」關係的**二元論**設想，因此在集體無意識（inconscient collectif）[40]中，**為了**自然而奮鬥似乎就是**對抗**人類：對人類不利。可是在這裡，各種生物——人類也包括在內——的利益是無法彼此分別的：關係的邏輯成為了勢所必然，它迫使我們離開「一方得益必然讓另一方受損」的二元對立邏輯。

保留區並不是讓自然得益、使人類受損的倡議行動；也不是因為自然對人類的福祉與存續有用處，才為自然奮鬥。保留區是為了那無可割分、人類亦為其成員的生物共同體起身行動的一種方式。

所以，一個重要關鍵正在於連結這些自由演變火源與其他土地的能力：必須以森林的整體視野來思考這些自由演變火源。[41]

我們感受到了這種多元主義的力量。人人都不假思索覺得，一種以生產木材為目的、同時又尊重森林動能的非暴力林業在某種意義上，深深傾向自由演變森林捍衛者的陣營，而非信奉全數砍伐、投入藥劑、人工栽植的單一樹種森林開發者陣營。但我們宛如困囚於種種二元論中，困囚於開發與神聖化的對立、投入生產之自然與自生自滅之自然的對立裡，缺乏概念來深入闡述如此結盟的性質。事實上，這個尚待思索的聯盟結合了禁止開發的強力環境保衛與某些也懂得保護的開發形式。解決這些矛盾，就有機會讓我們為了捍衛生物編織——我們是這編織裡奇特的小片段——而需要的結

40 譯註：瑞士心理學家卡爾・榮格（Carl Jung）提出的概念。這個理論認為，人類的無意識不僅是個人的經驗和記憶的儲存庫，還包含了所有人類共享的、普遍存在的心理結構。

41 感謝珈德・林夸德（Jade Lindgaard）讓我注意到這個關鍵。

盟顯現出來，獲得表述、能夠啟動。

如何切換進另一張世界地圖，在這張地圖裡，我們可以自發地用這些詞語思考——並在二元對立之外呼吸？該操作什麼樣的新地圖，讓疆界不再劃分出錯誤的敵人，讓那些真正的結盟、捍衛生物編織的實際前線顯現出來，不再將人類的利益與昔日所謂的「自然」對立起來？如何超越自然與文化的二分，思索對我們的生物世界的捍衛？這是本調查研究此後的主題。

重整結盟

RÉALIGNER LES ALLIANCES

開採利用或神聖化：二元對立的死路

在土地使用方式上，我們繼承了一套二元對立的宇宙論。它由一組基本對立所表述：開採利用（exploiter）與神聖化（sanctuariser），彷彿這兩種土地使用方式非此即彼，互相衝突，勢不兩立。這套哲學上的對立直接反映於地方政治鬥爭裡。例如二〇一九年，德龍省農民聯盟簽署了「反對再荒野化與獨占土地」的動議，直接針對法國野生動物保護協會創建荒野生命保留區的計畫。農民聯盟在這份動議中主張，在協會獲得之森林範圍內禁止一切開採利用的自由演變，就事實而言正是小農（agriculture paysanne）的敵人，即便是那些非常環保的小農也不例外，因為自由演變藉一個建基於二元對立之空間劃分的計畫，獨占屬於這些小農的土地。據其所言，自然保護者的計畫似乎間接肯定了任何開採利用，就連小農的也包含在內，必然會破壞森林環境，只有自由演變及其對一切開採利用的拒絕是合宜的土地使用方式。

但是，儘管對峙的雙方各擁智識，這些論述卻造成了毫無根據的對立，因為不同的行為者——小農的捍衛者，以及強力保護的捍衛者——所能動用的詞語與概念全都困囚於二元論形上學裡。彷彿法國野生動物保護協會與法國野生森林協會缺乏詞彙來**在二元對立以外**捍衛森林，只能妖魔化開採利用來捍衛神聖化似的。彷彿農民聯盟的要角缺乏詞語與概念去捍衛某種永續的、小農的、非常環保的環境開採利用，只能為了抬舉他們自己的開採利用形式，妖魔化對土地的神聖化似的。

為什麼會有如此誤會？源頭就深了。這個誤會是哲學的，源於一項古老的傳承，這項傳承甚至還是我們文化的基石，這就是為什麼要察覺它並不容易。這個誤會的濫觴是：現代西方承繼了**帶有等級階序的二元論**（dualiste hiérarchique），也就是一種以相互對立、非此即彼、帶有等級階序的成對語彙來思索世界的方式。好比說，「人類」與「自然」。在我們的心智裡，二元對立依據反比定律（loi de proportion inverse）運作，就好像連通管（vase communicant）一樣：對一方好的，對另一方就壞；抬高一方的，會降低另一方；給予一方的東西，是從另一方那裡**取走**的。如果再荒野化宣稱要捍衛「自然」，這項二元階序的傳承就發動了，很多人就不知不覺將之理解為：我們捍衛自然，對人類**就不利**。是在反對人類。因為，當我們信奉二元論，一方的福祉就總是帶來另一方的損害。這個帶有等級階序的二元論的幽靈陰魂不散纏著我們，只要荒野被抬高，人類這一極就遭到貶低。當我們傳承了二元論，問題就來了：我們總是被迫犧牲、被迫貶低世界的其中一半，來捍衛另一半。這種傳承還真令人厭倦。

二元論的詞語因此就導致了無法和解的衝突。這些詞語徒然增加了敵人，讓行動迷失了方向。因為，在我看來，在論述裡彼此對立的小農與自由演變的捍衛者，從他們的實踐與行動來看，**雙方都有道理**（這並非不言自明表示「**所有人**就某個部分而言都是對的」，因為某些人，例如對環境不永續並異化農民的工業化農業相關產業的捍衛者，就絕對是錯的）。

之所以必須在二元論之外思索，就是要提供一套不會徒勞樹敵的詞語與概念工具。我在這邊想要粗略勾勒的，就是那些以新方式標定方位的地圖。

雖然這些二元對立有其慣性又無所不在，一旦我們開始關注森林環境使用方式的其他技術倡議，這些二元論恐怕並不真實的性質就耐人尋味地顯現了。就以另類林業選項支持網（Réseau pour les alternatives forestières, RAF）的倡議行動為例，其捍衛的森林管理模式建基於關注森林的再生、豐富性與韌性的非暴力永續林業。另類林業選項支持網當然屬於開發陣營。在二元論的框架下，另類林業選項支持網因此應該譴責神聖化。然而，當我們閱讀他們的主張，就能透徹瞭解到，他們自發超越了開採利用與神聖化的二元對立來思考與行動。確實如此，他們主張，在每座按照他們的倡議開採利用的林地裡，自發留下百分之十的森林不做任何開採利用，也就是依照啟發他們的法國野生動物保護協會荒野生命保留區的標準，任其自由演變。[1]另類林業選項支持網明確指出，這百分之十不該是裝運木材的工人最難抵達、經濟價值最低的林地：這百分之十應該是森林裡以生態角度來看，也就是以**森林本身的**要求而言，最有意義的部分。

1 見芭絲卡・勞樹（Pascale Laussel）、瑪濯蓮・布瓦塔（Marjolaine Boitard）、德瓦納飛，《在森林一起行動：實務、法律暨人文指南》（*Agir ensemble en forêt. Guide pratique, juridique et humain*），Charles-Léopold Mayer, Paris, 2018.

所以啦，我們就有了自發去捍衛自身資源部分神聖化之必要、並融入本身管理的林業人士，也就是開發者。發生了什麼事？他們是怎麼走出二元對立的？什麼樣的概念閃避、什麼樣擺脫囹圄的直覺讓他們能如此平靜地繞開我們的形上學傳承？這一定不是因為他們懷抱安撫求同的共識之心或綜合起來調停各方的企圖，打算讓所有人都滿意，因為他們不怕樹敵。另類林業選項支持網的起源的深刻意義首要來說，就是與主導森林管理的行為者——集約型工業化林業**對抗的一場戰鬥**。

為了思索在政治上超越開採利用與神聖化的二元對立，我們不妨借助於農民聯盟與捍衛自由演變的各個自然保護協會雙方**共同**的那個到處滲透、擴張無度的敵人。這個敵人就是所有不永續的、開採主義的、破壞環境、異化勞動者的土地使用方式，其體現為施用投入製劑的工業化集約農業相關產業。讓我們稱呼這共同的敵人為「非永續開發陣營」。單單這個敵人恐怕就已經足夠激發出一個結盟了。

然而，擁有共同敵人，也就是反對環境保護的強大遊說團體，並不足以將有意呵護土地的各種不同土地使用方式聯合起來。必須要能夠設想一幅與生物關係的光譜，光譜上各種與生物的關係擁有的不僅僅是一個共同敵人：它們擁有深刻真實的共同之處。

要開啟這條通往如此共同之處的路，就必須從揚棄自然保護者常有的一個觀念——「任何開採利用都帶來破壞」開始。這樣的觀念是我們二元論傳承的附帶影響。所有形式的開採利用都會**改變**環境，但某些形式改變環境的方式是永續的，有時還能為某些生物多樣性賦予活力生機。

然而，在二元論的水域航行是極其困難的，因為要脫離這片二元對立之沼，就總是必須**同時解構對立的兩種迷思**。也就是說，必須在拒斥「任何開採利用都帶來破壞」的同時，也拒斥「任何開採利用都會**改善**其開採利用的環境」的觀念。後面這項觀念也許看起來很反直覺、我們很容易就能拒斥——今日，集約農業、化石燃料開採、工業化林業對環境的破壞已然斑斑可考。但是，該觀念的源頭如此深邃、在現代人與「自然」的關係裡有如此建構性的地位，以至於我們必須清楚表述它，以祛除這帶有等級階序的二元論的幽靈：就算我們已經把祂從生態與歷史分析的大門趕出去，祂也總是從最無害的詞語打開的窗戶自然而然溜回來。

解構「改良」的迷思

無形中建構了我們對土地使用方式良窳的現代概念的，是「讓自然**有產值**」的想像。這樣的概念在斯圖亞特王朝時期的英國變得具體，根據此一設想，要完成、改善荒野自然、最後使之有產值，人類的行動是不可或缺的；缺少了這些，荒野自然就會是有缺陷（déficient）的。[2] 由此，現代以降，這樣的觀點蔚為主流：荒野環境（我們在此稱之為自由演變）是有缺陷的，這裡的「有缺陷」意思是這些環境缺少了人類整治，惟人類有能力圓滿它們、提升它們的價值。根據現代人的起源神話（mythe fondateur）[3]，現代人的昭昭天命（destinée manifeste）[4]，是「改良」（improvement）[5]——我們可以將之譯為「使之有產值」或「改善」。在培根（Francis Bacon）式科學革命的背景下，「改良」的母題重拾並更新了猶太—基督信仰非常古老

2 此處並非述溯相關歷史的合宜之所，但我們可以在一些距今久遠的局勢裡找到這種觀念的樣貌與先聲。好比說，「使之有產值」的意識形態，就曾合理化了在墨西哥實施的委託監護制（encomienda）——將無主地（terra nullius）據為己有、大型種植園、強迫勞動、美洲原住民基督教化。雖然這種無意識在十七世紀才正式形成理論，但它在十六世紀初第一波美洲殖民開始時，就已經形塑了殖民者的做法。不過，要想在系譜上追溯得更深遠——更好的歷史學家就會這樣做——那恐怕就必須上溯到中世紀歐洲大墾荒。這些墾荒活動往往由當地主教領導，所以更添一分宗教背書的合理性。羅馬帝國滅亡後的歐洲人口回升時期，主教是建立村落或城市社群的先鋒。這些建造的根源就是為了長久獲得產值、為了讓環境宜居的「開墾」（défricher）。凡此種種請參見Serge Gruzinski，《混種思想》（*La Pensée métisse*），Fayard, Paris, 1999；Jacques Le Goff，〈中世紀的教會文化與常民文化：巴黎的聖馬塞爾與龍〉（Culture ecclésiastique et culture folklorique au Moyen Âge : saint Marcel de Paris et le Dragon），收錄於《往另一種中世紀》（*Pour un autre Moyen Âge*），Gallimard, Paris, 1978, p. 236-279. 以及：Jacques Le Goff（與Emmanuel Le Roy Ladurie），〈母性的美露莘（Mélusine）與墾荒婦〉（*Mélusine maternelle et défricheuse*），*Annales. Économies, sociétés, civilisations*, 1971, n° 3-4, p. 587-622.

譯註：美露莘為法國、盧森堡、德國等地傳說中的女妖精，形象為半人半蛇或半人半魚，某些敘事中擁有蝙蝠般的翅膀。

3 譯註：亦稱「創世神話」，為一個社會、民族或文化用來解釋其起源、價值觀和基本信仰的故事或傳說。這些神話常充滿象徵、蘊含教化意義，深刻影響集體認同的塑造與文化的傳承。

4 譯註：典出十九世紀美國的政治理念，認為美國有天命和責任擴展其領土和影響力，從大西洋到太平洋，甚至更遠。該理念用以正當化美國的領土擴張政策。

5 「改良」的概念參見P. Warde，〈改良的觀念，約1520-1700年〉（The Idea of Improvement, c. 1520-700），收錄於R. Hoyle編，《習俗、改良與早期現代英國地景》（*Custom, Improvement and the Landscape in Early*

的「總管」（intendance）母題；根據「總管」的母題，土地被託付給了我們：讓土地有產值是人類的使命。[6]而且不這麼做就是犯罪（這合理化了殖民者強行徵用狩獵採集的原住民族，因為依據這樣的意識形態，這些民族並不「生產」，就只是當個「獵食者」，這讓他們與那些遭到污衊的肉食動物並無二致：「教化」他們，就是把這些「野蠻人」轉變為人類）。

「改良」這個概念認定，開採作為環境在人類理性引導下對工作的投入，**必然**改善且實現環境的命運，否則，讓環境自生自滅就是遺棄環境。柯倍德（John Baird Callicott）將之總結為：「彷彿自然脫離上帝之手的時候是不受規訓的，要受規訓才能自我實現」[7]。

「改良」的概念有個根基性的誤解，它搞混了：儘管人類的理性與勞動可以改善環境在人類可消費產品方面的產量（這倒沒錯），這種**針對此用途**的改善並不一定是**其本身**的改善、**其本身**的完成、對環境內在缺陷的糾正。[8]因此，我在這裡批判的，並不是「改良」這個概念（工作可以提高農業系統〔agrosystème〕的產量，這是農藝學

Modern Britain, Ashgate, Farnham-Burlington, 2011），第127至148頁，以及N. Wood，《約翰．洛克與農業資本主義》（*John Locke and Agrarian Capitalism*, University of California Press, Berkeley, 1984）。尤請參Richard Drayton，《自然的政府》（*Nature's Government*, Yale University Press, New Haven-Londres, 2000）。

皮耶．夏朋尼葉（Pierre Charbonnier）主要在《豐饒與自由》（*Abondance et liberté*, La Découverte, Paris, 2020）一書中回顧了「改良」（improvement）一詞的命運。他於他處寫道：「確實，土地之所以成為經濟與法律占有（兩者實為一體，因為賦予權利的正是勞動）對象的原型，是因為土地的原初狀態是生產力的潛在載體，唯有人類勞動、科學知識與技術方能實現此生產力。……透過圈地與耕種來改善一塊土地，讓一塊土地變得有利可圖，因此是洛克（Locke）寫作的時代，土地的政治可利用性（affordance）的核心行動。」（引自私人通信。）

6 這方面參見阿栩的講演，她於其中闡述了她對猶太—基督信仰神學驚心動魄的批判。她認為，因著猶太—基督信仰神學，「我們從尊崇生殖（génération）奧祕的世界，過渡到了一個尊崇神創（Création，神進行的創造）奧祕的世界。講演錄影見此：www.youtube.com/watch?v=9f-OyHRMMpw&feature=youtu.be，二〇二〇年。「神創」實則成為「製造生產」（production）概念的歷史起源：「神創」與「製造生產」都高估了行為者的能動性（agentivité），貶低了物質的能動性。生殖則不同，在生殖裡，確保物之繁衍的，是物本身。

7 柯倍德在《土地倫理》（*Éthique de la terre*, trad. Pierre Madelin, Wildproject, Marseille, 2010, p. 47）中如此描述「改良」：「神意似乎昭昭：人是主人，自然是奴隸，因為人不只是被呼召去主宰土地，還明確受命降服土地（這個「降服」在希伯來文裡用的字是kabas，「貶辱」）——彷彿自然脫離上帝之手的時候是不受規訓的，要受規訓才能自我實現。」

8 這一點在我們知曉如下事實後即昭然若揭：「改良」也曾是一種把「『勤勞與理性』的人從其他人裡揀選出來的殖民手段；這邊的『其他人』就是美洲原住民：如同我們已理解的，正是透過這種手法，原住民

〔agronomie〕的事實），我批判的是把「改良」絕對化。「改良」確實在「價值」**的經濟意義上**，讓一個環境生產價值；從可消費與可進一步交易之產品產量**的角度來看**，「改良」帶來了改善。然而，隱藏掉「的角度來看」這半句話，而斷言「改良」帶來了不必前提、不限範圍的純粹改善與純粹增值，就導致了重大的形上學後果——這是我們承繼的可怕傳承：將「改良」絕對化，直接假設未經人類理性與工作整治的生態系本身是未完成、有缺陷的，等待我們出手整頓。「改良」的絕對化是「總管」的教條必然導致的隱祕未顯但又不可或缺的結果。既然一神論的上帝是為了讓我們使用才進行祂的創造，**為了我們的利益**來改善環境就正是改善環境**本身**（魔鬼藏在形上學的細節裡）。

這清楚表明了，以肯定自由演變的環境並無缺陷來擺脫這種對生物的錯誤設想勢在必行。自生命起源以來，地球庇護的各個生態系就由生物的動能不懈不休地織就：共同演化，多樣化，森林演替（successions forestières），河川中沉積物與魚類的旅途，授粉，土壤動物群落創造腐植質，食物網（réseau trophique）裡的物質與能量循環。生物的這些動能不可能是所謂的「有缺陷」，因為嚴格說來，正是這些動能塑造了我們的身體與心靈，創造了所有生態系，所有我們賴以維生的植物、動物、細菌與真菌物種。正是這些動能創造了庇護我們、接納我們、餵養我們的世界，正是牠們將我們創造為適應這個世界。因此，任何沒有遺忘我們起源的生物哲學，都有義務不留餘地肯定，生物的動能並不**需要**我們：都有義務肯定，沒有我們，生物仍是無缺陷、無瑕疵的。我們充其量只存在了三十萬年，我們讓生物世界投入工作至今不過寥寥數千年，至於「理性」地整治生物世界更不過是寥寥幾世紀、甚至幾十年的事——生物呢，祕密編織著牠的奇蹟已將近四十億年。

「『改良』概念的絕對化」這種瘋狂繼承了現代性，展現在一個我們輕看了的日常

社會被排除在對土地的合法法律關係之外，因為他們只不過是狩獵採集者——或至少他們被如此看待」（夏朋尼葉，《豐饒與自由》，同前引書，第二章）。「改良」是對環境的一種歷史的、地方的、意識形態的、特定的接管，它被樹立為土地唯一正確、別無他途的使用方式，讓其他所有的土地使用方式，其他所有不事「生產」的土地使用方式，都從環境裡被排除了出去。

症兆裡。如果我們把一個現代人放在一座未受開發、未受修剪、任枯樹自然倒下的自由演變森林前，他會佇足並自然而然惋嘆：這個環境被「棄置」了。這個說法何其枝微末節不引注目，卻揭露了一個澈底顛倒的形上學。要相信一個未受人類整治、管理的環境是被棄置的，就必須先假定環境內在必然的命運就是由人類接管，可是明明這個環境在人類出現以前早已存在了數百萬年（好比說，混合林〔forêt miexe〕存在了超過兩億年）。相信未經整治的環境是遭棄置的，是一種家父長主義的溫柔癲狂，這種家父長主義貶低了創造我們的種種力量。

解構生態家父長主義

另一個更明晰無疑的說法，我出田野的時候聽人說了兩次，先是一個獵人，然後是一個畜牧業者：「沒有我們，自然就亂七八糟。」這個說法寥寥幾字就道盡了「改良」的絕對化：道出了它偷天換日的演變：從「整治改善了生態系對人類的效益」過渡到

「整治改善了生態系本身」、「整治讓生態系總算圓滿」。這個天真無邪的小小說法蘊含了現代二元論形上學對非人類世界展現的全部暴力；在與土地工作者——農人、獵人、畜牧業者、樹木栽培者、整治者等開展任何外交討論前，必須先解構這項悖謬。一言以蔽之，我們不妨如此回應：「生物動能存在了幾十億年，牠們創造了你們：謝謝你們提議幫忙，不過沒有你們，牠們也過得很好。」

「自然」出於原則，需要獵人來管理野生動物、畜牧業者來塑造地景——這樣的觀念是以生物為對象的家父長主義。這樣的生態家父長主義有時候是一片好心，但其實並不重要：用家父長主義對待創造我們的世界，這其中頗有荒謬之處。[9]這種生態家父長主義就跟抑制不住的衝動一樣，連荒野自然最熱忱勇敢的保護者都自然而然地使用它，例如將自己比作「海洋的牧羊人」（牧羊人是保護自己由脆弱造物所組成的畜群免遭野生獵食者所害的保護者的原型），以此激發保護荒野生命的強烈情感——生

9　除非我們假定有某個神照著自己的形象造了我們，還為我們創造了這個世界，讓我們負責治理。所以，這最終是一場哲學人類學的爭論，隨之而來的就是政治分裂。

命再多一份弔詭也沒差了，望周知。

簡單說，任何論述只要聲稱控制、管理或保護自然「本身」（而不是為了特定目的，好比保護人類集體免受飢饉）是必要的，就隱藏著一個前提：首先必須將自然看成是依賴而無法獨立自主的，才能合理化人類自命為其主人兼細心總管之必要。當代針對現代與自然關係的批判（這些批判提出，這樣的關係是一種專斷的控制）很少看見這「控制」隱藏著披上了偽裝的前提：要能「控制」，就必須先將實際上自立自主（自立自主的意思是生物並不需要我們）的生物他律化[10]（hétéronomiser，也就是說，將之視為在行為生態學〔éco-éthologique〕上有缺陷、依賴而不獨立、無常易變、一事無成）；接下來，我們就打算領導與保護生物。

生態家父長主義遮蓋並深藏了一個事實：它是自然遭到他律化的**元凶**。生態家父長主義讓自然淪為他律（hétéronome）狀態，隨後自居為其總管、其管理人。它歪扭杜撰了一個「自然」的概念，這個「自然」從一開始就是他律的，須要人類來領導統御（「沒有我們，自然就亂七八糟」）。對前述事實的遮掩是讓生態家父長主義能夠心安理得的機制：生態家父長主義藉此自我說服，它是為了他者（Autre）好，才接管他者的命運。當它把這種關係模式移植到所有被貶低至較卑下處的異者（女性、外國人、野蠻人……）上，我們就可以稱它為「生態家父長制」（écopatriarcat）。

這個過程的最後一個動作——將生物最初遭到他律化這件事隱藏起來——是根本的。在描述我們與生物各種不同的倫理關係時，這個動作不斷重複操演。德思寇拉提及保護之為一種關係模式時，讓這個掩蓋生物他律化的動作顯現了出來：「當全體動植物被視為依賴人類才能繁殖、獲得給養、生存，同時，其與人類的連結被認為緊密到牠們成為了人類集體裡獲得接受的道地組成，在各種與非人類的關係中，保護就成了主流模式。」[11]一個人類集體認為保護其牲口與種苗合情合理，這說得通，但我們

10 譯註：他律（hétéronomie），即自律（autonomie）的反義詞。他律化的意思是使某對象接受外來律則的控管，進入他律的狀態。

11 德思寇拉，《超越自然與文化》，Gallimard, Paris, 2005, p. 446.

必須瞄準矛盾強烈之處：當這個集體把這種源於特定馴化行為的生物觀念延伸到**全體**生物，就導致了構成我們對生物圈觀念的溫柔癲狂。

什麼生物**與生俱來**就「依賴人類才能繁殖」？這樣的生物並不存在。這個想法本身就違背了演化的常理。四十億年來，生物的各個世系（lignée）啟動著牠們日復一日的奇蹟，相互作用影響，建構了世界的宜居性，我們可沒有在牠們的維持、存活與繁榮裡發揮過一丁點的作用：因為，演化正是這樣的一種力量，這種力量時時刻刻都賦予生物世系盡可能大的繁榮力、永續力，這就是演化的本質，因為演化每天都消滅掉危害物種恆久長存的變異。要讓保護變得不可或缺，就必須先把生物推入他律的狀態——實際操作起來，就是透過控制繁殖，或是在各種表述、再現之中，發明一套「『自然』內在缺陷」的形上學。

讓我們想像一個農牧社會發明了一種特定的馴化形式（我們在後面會談到），這種馴化形式讓被馴化的生命形式變得依賴而失去自主，以至於這種馴化形式在這些被馴化生命形式的持久存續裡發揮積極作用。然而，接下來，這個集體會將它在它馴化的寥寥幾個物種身上製造出來的依賴關係投射至所有生物（悠久得無以追溯、比我們還要古老的一千萬個野生物種，以及創造牠們的動能）。所以也就一併投射了管理牠們的必要。領導牠們的必要。保護牠們的必要。

簡言之，這就是我們的歷史。請拿取生物小之又小的一部分。讓您自己成為這一小部分生物在繁殖上的主人。請實行種種關係形式，讓牠們依賴您。請將這種缺陷／依賴的狀態透過幻覺照搬到所有生物頭上。請您感受內心對保護「自然」的由衷責任。好啦，您這就是現代人了。[12]

12 這為理解盎格魯—撒克遜文化圈中無所不在的「總管」（stewardship）式環境倫理模式提供了一個新的視角。確實，「總管」模式未言明之前提，就包括了掩蓋他律化。因為要假定，為了荒野自然本身好，目前有必要以優良總管之姿管理荒野自然（第二動），就必須先讓荒野自然陷入他律狀態（第一動）。總管模式假定「自然須要人類來照顧，因此，承擔我們的總管角色，就展現了人道主義」，將之視作事實而不質疑。但要自命為總管，就必須在技術與表述層面，都先做一個根本性的動作：讓生物陷入他律狀態。然後我們就忘了自己做過他律化生物這檔事，我們將總管模式樹立為一種倫理，但其實我們早已事先貶低了我們所打算保護的。

為了解構這樣的生態家父長主義，必須讓事物復歸其位：當然不，人類的存在不一定會破壞「自然」，因為人類也是生物環境塑造出來的生物（開採利用本身並不該受到譴責）；但也不，環境並不需要人類活動來產生價值、來獲得完成、來接受組織：是人類集體需要生態系的饋贈（開採利用並不是對環境本身的改善）。這麼一來，問題就變成了：什麼類型的開採利用是融入環境的生物動能而不割裂這些動能的，是調整這些動能而不危及其韌性的，是將損害降至小到不能再小的？稍後再回來詳細討論。

如今弔詭的是，掀起這同樣的「改良」惑亂的，正是社會科學的繼承者。他們尤其依據的，是晚近對亞馬遜叢林的行為生態學研究。這裡有件重要的事要做：跟一個說法做個了結。我們在捍衛某種使用環境的方式、反對任何全面保護的人的嘴裡常常聽見這講法：他們拿亞馬遜叢林當例子來辯護，說建構森林的正是原住民實行的人類使用方式，這些使用森林的方式是永續的；所以，既然什麼都不是「野生」的，任何對生態系的全面保護都該被排除。這些人意圖批判「純潔無瑕的自然」這種殖民幻想，卻延續了絕對化「改良」的迷思，因為他們沒有看見一個決定性的細微差異。一再宣說亞馬遜叢林已被原住民改造，當然在終止純潔無瑕的原始森林之幻想上有其意義，但如果這種說法讓人相信森林是**由**人類的種種使用方式造就的，這些使用方式還從根本上豐富了森林，那就大錯特錯了。亞馬遜叢林至少存在五千五百萬年了，美洲原住民穿梭其中、修改森林的時光，至今最多最多就只有一萬年。假定森林需要人類這些使用方式，就是貶低森林自身古遠得無以追溯的力量。如果我們想完全擺脫高估我們角色的現代人類中心主義，就必須公正對待這個世界真實的時間性。讓現代人類中心主義偷偷摸摸回歸，寄生在反殖民的良心上，是站不住腳的。亞馬遜叢林與其他任何森林一樣，從來都不需要人類。牠們都是自立自主的環境。我們能夠與森林締結永續的、有時還互利共生的關係，就像某些原住民族所做的那樣，這是一項**事實**——但這永遠不代表我們對森林之所為對森林的存在、福祉、生命力及永續性來說不可或缺（反過來說卻是對的）。

恢復生物的價值

由此出發，要理解從「改良」概念絕對化推導出的生物世界設想，有一個好方法是拉傑．帕特爾（Raj Patel）與傑森．摩爾（Jason Moore）的分析：他們將現代性分析為一系列讓自然變得「廉價」（cheap）的過程。這方面必須閱讀他們精彩的著作：《我們的世界是如何變廉價的》（*Comment notre monde est devenu cheap*）[13]。「廉價」是個難以翻譯的概念，涵括了好幾項重要含義：它在英語中意思類似於各種意義上的「被貶值」（dévalué），亦即不貴、便宜，但同時也意味著低價值、低重要性、可以替換，因此——這是我的詮釋——完全無法獲得肯認、贏得顧念敬重。帕特爾與摩爾的著作展示了占據主流的現代性（他們稱之為：資本主義）讓自然、勞動、人、醫療照護等等，全都變得「廉價」。

必須深刻理解的是，於其俚俗語彙的外表下，「廉價」實為一個經濟與本體論的概念：主流現代性「廉價化」了生物世界，讓生物世界淪為「自然」。換言之，它在經濟面將生物世界轉變為經濟價值低落的可消費物質，而在本體論上，它貶低了生物世界，亦即在現實、在重要性上都將之視作次等，視作僅是人類的手段，視作沒有生命的布景，視作資源庫。這兩者合而為一，正是問題的核心。在本體論上貶低人類以外的生物，是一種經濟上的貶值策略：貶低原物料的價值，就能進行廉價的生產。這在肉類上特別明顯。生產肉類的生態過程繁複而嚴格，肉類因此是生態價值極高的產品，這樣的價值應該要反映在成本、價格和某種形式的敬重上——然而，在我們最晚近的經濟形式中，遮掩了負面外部性的種種機制貶值了肉類。[14]將生物世界化約為被剝奪了內在、價值與意義的物質的二元論，其實正是成就生產主義開採計畫的戰爭機器（「那就只是愚蠢的物質罷了，我們想拿它做什麼就做什麼」）。

13 帕特爾、摩爾，《我們的世界是如何變廉價的》, trad. Pierre Vesperini, Flammarion, Paris, 2018.

14 卡洛琳・麥茜特（Carolyn Merchant）的這部著作述之甚明：《自然之死：婦女、生態和科學革命》（*The Death of Nature. Women, Ecology and the Scientific Revolution*）, HarperOne, San Francisco, 1990.

一段雙重貶值史

幾個世紀以來，「改良」的擁護者不厭其煩反覆申述著讓環境、森林、溼地、荒地提高價值、產生價值的必要。然而，如果我們詢問一名東南亞或亞馬遜的原住民狩獵採集者——他將森林視作提供饋養的環境，自動自發地恩澤他所有豐富的食糧給養——這座森林是否須要「產生價值」，擁護「改良」的這種態度所隱含的矛盾就昭然若揭。這名狩獵採集者非常有可能**聽不懂**這個問題。因為，現代宇宙論裡，要去相信提高荒野環境的價值有其必要，就必須先隱蔽地透過否認價值的哲學舉動，來讓荒野環境變得廉價。正必須先貶低價值，才能認為有必要提高價值。必須先在本體論上讓土地變得廉價，接著才能合理化改善土地、讓土地產生**價值**的必要。我們的傳承之所以有辦法出現這種怪奇現象，是因為「價值」的概念自其本體論的意義一路被偷天換日挪移到了褊狹的經濟意義（資本利得的價值）上。

這就是整個來龍去脈之中，精彩無比的大弔詭。為了讓「改良」的各種理論躍居主流，首先必須藉由主體論的廉價化來轉變我們的土地觀念：不留餘地剝奪土地的價值。正因為自然被認為是未完成的、牙牙學語的、缺乏組織的，單單自然本身就產生了我們組織自然以改善自然的必要。但這裡也一樣，改善的意思是提高穀物與牲畜的生物量產量，來餵養不斷增加的城市人口；而城市人口之所以不斷增加，正是因為生物量生產過剩。[15] 這邊，我沒有要質疑為了致力讓人類集體擺脫饑饉的事業而改善農業的適切與必要。我要質疑的，是被用來絕對化「開採利用提升了價值」這個概念的哲學基礎，以及經濟圈對「價值」一詞的綁架。因為，很快地，價值的提升不再是要讓田地生產更多的小麥來餵養人類，而是要生產更多的經濟價值來挹注資本主義的機

15 請注意，這個現象隱含了一個窮凶極惡的問題逃避：改善可消費生物量的產量起初是為了對抗糧食缺乏，但這樣的改善遮掩了一個事實：某些方面來說，人類與其他哺乳類族群並無二致，就是個哺乳類族群。資源如果增加，人口就會膨脹，如此一來我們就在失控的競賽裡，又一次陷入了匱乏與饑饉，自我實現的預言自我證實為真：我們被迫永無止盡改善自然，來擁有足夠所有人使用的資源，並確保豐足與糧食安全（sécurité alimentaire）。

器：這在亞馬遜叢林消失這樁當代的矛盾裡特別清晰可見、驚心動魄。森林這個提供饋養的環境在身為居民的美洲原住民眼中，絕不會被視為在價值上有缺陷，但這個環境對森林開發者或巴西的資本主義農場主來說並沒有價值，嚴格說來是因為他沒辦法從中獲取直接利潤。[16] 新殖民主義的衝突就是關於生活環境性質的不同價值間的衝突。

而這種形式的開採利用會產生第二種貶值，第二種廉價化，因為應用於土地饋贈上的市場邏輯必然會——如果我們遮住負面外部性不看的話——傾向生產盡可能便宜的原物料（例如木材）：也就是廉價。必須貶低沒有投入勞動的環境（將這些環境視為沒有價值）來**合理化**對這些環境進行的經濟開發，這樣的開發被想成是在產生價值，因此可以用工業規模大量生產便宜、廉價、價值低微的產品。生物世界在頭尾**兩端**都遭到廉價化，第一種貶值合理化了第二種貶值：第一種哲學的暴力合理化了實踐的暴力，實踐的暴力又合理化了經濟的暴力（木材與肉類並沒有按其公允的生態價值出售），為充斥大量廉價產品的消費主義（consumérisme）服務。這整套機制的使命當然是生產財富，但過程頗有曖昧之處：某些方面而言，它帶來了對抗饑饉與匱乏的豐足，所以是帶來解放的；然而在其他所有方面，一旦這筆財富被攔截、沒收、為其本身服務，這機制就導向了奴役。為了合理化第二種貶值，第一種貶值被遮隱起來了。我稱之為現代性對生物世界的雙重貶低。

這個由「改良」的擁護者施行的雙重廉價化運動牽著我們的鼻子走，構成了我們各種的晚期現代土地使用方式。它自命為理之必然，自居為唯一至高的「進步」；然而，一旦我們將之與採集者原住民族生存給養的哲學作比較，它那並不普世的怪異之處就浮現了出來。對這些民族來說，這三個概念——環境一開始就被貶低、「改良」的想法、將生存給養化約為生產便宜產品——都是沒有道理的，全都一樣荒謬。這些民族的世界裡存在著提供饋養的環境，這些環境自給自足，如果我們對這些環境展現

16 此乃價值的衝突，還有這些價值不能擺在一起衡量的問題——這是霍安・馬丁內茲・阿列爾（Joan Martinez-Alier）的生態經濟學（économie écologique）之重要概念。參見其著作《窮人的環境保護主義：世界環境衝突研究》（*L'Écologisme des pauvres. Une étude des conflits environnementaux dans le monde*）, trad. André Verkaeren, Les Petits Matins, Paris, 2014.

隨時制宜的顧念敬重，它們便會以**本質上就珍貴無比**的食糧來餵養我們。但這些民族的世界裡沒有應當遭到接管來「提升價值」，也就是被壓榨、被毀滅的，有缺陷的土地。在這一點上，歷史的進程證明了這些民族是對的。

轉變價值

這就是為什麼，對一種叩問價值轉變的生物哲學來說，解構前述的政治經濟學（économie politique）傳承是一大核心挑戰：必須奮力對抗主流現代性引入到我們之內、我們之外的陰險狡猾的貶值行徑。為生物恢復其遭到沒收的力量：溝通交流的力量，互動的力量，語義的力量，動物行為政治（éthopolitique）的力量，談判協商的力量，創造世界的力量，乃是一種文化戰鬥的方式。因為這是一場針對融入我們每個人內在的價值論（axiologique）工具的戰鬥，這套工具決定了什麼有價值，什麼沒有價值，什麼是重要的，什麼值得我們考慮，值得我們顧念敬重，什麼又完全不是如此。

讓「生物是地球生命無可取代的根源，因此也是人類生命無可取代的根源」這樣的事實顯露出來，或者說創造出來，是一項哲學與政治的計畫，因為這個計畫致力於反對生物世界被神不知鬼不覺地貶低為一方面廉價、另一方面又飽受虐待的「自然」。

這種問題表述方式讓我們在尋找誰要為生態危機負責時，終於能釐清敵人是誰：敵人就是生物編織廉價化過程的所有參與者，換言之，所有涉入「同時在本體論上貶低生物編織、將生物編織非政治化、並將之轉變為供生產主義所用的原物料」過程的行為者。賦予自古希臘以來就扮演了各種角色的「自然」一詞新的意義，正是為現代人的自然主義奠定基礎的行徑。在二元論的意義上，「自然」是我們在貶低生物編織、貶低餵養我們的環境後，安在牠們頭上的名字。帕特爾與摩爾清晰揭櫫了這一點：「自然不是一件事物，而是一種組織生命——以及，讓生命變得廉價——的方式。」[17] 在這種情況下，為了提出社會抗爭與環境奮鬥的新結盟而宣稱「我們是自然在自我捍衛」

17 帕特爾、摩爾，同前引書，p. 63.

就變得曖昧可疑了。我們是生物在自我捍衛——其中也反對將生物轉變為「自然」。

晚期現代性透過轉化生物世界為「自然」而達成的，因此並不僅僅是透過發明「自然科學」及這些學問對世界抱持的自然主義觀念，將生物世界客體化（objectivation）[18]、機械化、簡化為各種決定論動因而已。觀念與表述上的這種哲學轉化，其實是遮掩了森林的一棵樹。我們必須修復的實為認識論與經濟學的結合，這兩方的掛鉤曾讓世界能被轉化為廉價自然。首要問題不在於自然的哲學表述的唯心層次，而在於政治經濟學。科學帶來的「自然」形象如何被各種經濟與政治的機器（明說的話，就是資本主義、生產主義、開採主義）擄獲並挪用，以此在我們眼前將古希臘人及古羅馬人等先人那神性的、神聖的、提供饋養的大寫之自然（Nature），轉化為現代人那廉價的小寫之自然（nature）？正是為了對抗如此的貶值，我們必須捍衛生物的奇蹟，必須喚回生物的本體論實質。讓生物進入政治注意力的視野，就是把生物從其「廉價的自然」這個晚近才出現又流毒甚深的地位裡釋放出來；就是把生物與無價值、無生命、低成本、可供使用、唾手可得的物料之間的等同關係爆破掉。如果認為這只是一個「哲學」問題，只屬於純粹的表述、再現層次，那恐怕就是一種伏藏不顯的唯心主義了：這其實跟所有真正的問題一樣，是一個政治經濟學的問題。關鍵在於，今日，為了重新定義生物，我們必須發明出「廉價」概念的*反義詞*。我們應當打造出各種哲學、經濟、政治、情感、科學的裝置、措施、機制，來*逆轉*我們所繼承的對生物世界的貶低。來對抗這樣的貶低。

信任生物的動能

貶低、廉價化的相反是什麼？是思量，是感激，是尋求隨時制宜的顧念敬重。「沒有我們介入，生物世界就充滿缺陷、運作不良、缺乏完滿」的相反是什麼？是信任生物

18 譯註：亦譯對象化、物化。

動能。是信任這樣子的生物：數十億年來，生物在地表開展了燦爛輝煌的豐盈滿溢。是信任日復一日織造著生命編織，造就我們成為人類這種動物，每天更以植物無償提供的氧氣、能量、棲息地為形式賦予我們生命的那些演化與生態動能，並對之銘感五內。

我們在後面會詳加闡述這樣的逆轉會對「生產性」農業機器和土地使用方式造成怎樣的影響；不過，這樣的逆轉首先就讓我們順便理解了捍衛自由演變森林的深邃意義。一個我們主動任其進行自由演變的環境肯定並提醒了：生物沒有我們也不會有缺陷，生物並不需要我們。我們可以施以行動、與之互動，我們甚至必須這麼做。但是與此同時，我們絕對不能忘了，生物並不需要我們的行動；確保生物的生命力、泛濫豐盈、創造力的，並不是我們的行動，反倒是生物的行動確保了我們的生命力、泛濫豐盈，還有創造力。

在我看來，這最終更是捍衛自由演變空間存在那無可削減的理由。這些空間正是某種社會的旗幟，這樣的社會結束了對抗被視為有缺陷或有敵意的自然的戰爭，終於對分分秒秒維持著我們生命的生物動能大方展現根本性的信任：這樣的社會把昔日的

「自然」視為「提供饋養的環境」。

要繞開荒野自然與被投入勞動的自然之對立，「提供饋養的環境」在此是一個強而有力的概念：傳統的對立觀念主張，只有被投入勞動的自然會給予我們東西，給予我們生產的產品，另一種自然「只為了自己」而存在。這是被開發利用之自然與被神聖化之自然的現代二元對立的基礎。提供饋養的環境則生活於另一幅宇宙圖景中：因為，「提供饋養」的意思不是饋養我們人類，是饋養所有生命形式，而正是這些生命形式讓所有個體的生命成為可能。阻止我們從「自然」與「人類」各自的利益孰優孰劣、孰主孰次的角度提出問題的，正是這樣的相互依存、唇亡齒寒（vulnérabilité mutuelle）的關係。這就是為一個生態系的身分奠定基礎的非凡弔詭：任何生物的棲息地都是由其他所有生物交織而成，這樣的交織因此饋養了所有生物。「饋養」的首要意涵並非生產出能夠買賣、有利可圖的產品，而是產生出我們呼吸的空氣、我們飲用的水、我們踏遍的地景、所有誰都無法據為己有、讓生命成為可能的生物動能……一切無法當成商品買賣之物也同樣是饋贈，而在工具性的關係裡能被開發利用的東西只占了對所有生物的饋贈其中很小一部分而已。關鍵在於，我們必須構思出對環境的饋贈進行開發利用的形式，這些合宜的形式不會讓大部分無法開發利用的饋贈——無償提供給所有生物、奪也奪不走的一切，變得脆弱。

正是生物動能讓環境成為提供饋養的環境，成為一塊養育生命的土地，就算在不事製造生產的地方也是如此，因為不生產可消費生物量的動能也一樣塑造著世界的宜居性。每一株海藻都為碳捕集（piégeage du carbone）[19]盡了一份力，每條河流都讓生命活得更舒適。生態學家出於自由主義的意識形態，笨拙地將這些動能稱為自然提供的「服務」。但生物動能根本不是服務（宇宙可不是個服務業公司）：生物動能是人類學意義上的饋贈，不含意圖，與生命同樣珍貴，召喚著隨時制宜的顧念敬重、信任、感激、禮尚往來、種種形式的回禮。[20]

因此，捍衛自由演變環境的奮鬥是一種措施，讓我們能逆轉我們所繼承的對生物的貶值。這是一種對「自然」的主流現代想像的拒斥，這種想像是絕對化的「改良」的想像；據此想像，要完成、改善荒野自然，最終提升其價值，人類行動不可或缺。

雖然如此，自由演變的火源並非典範，亦非理想（典範與理想意味著一切在法律上都要成為它，而這是荒謬的，因為如此一來，我們的食糧就無以為繼了，也因為與生物環境關係及土地使用方式的多元是我們必須珍視的傳承）。自由演變的火源也不是例外的殘留，被維持著當作我們的良心，以此保持盲目開發利用周遭其他部分的權利，它不是無人自然的博物館化，不是原封不動自然的罕見標本。超越這些源於二元論的狀態非常重要。

這些火源是對生物動能之信任與思量的領頭羊，的肯定，的啟動裝置。它們也是我們對生物動能應有的隨時制宜的顧念敬重的**其中一種形式**。

19 譯註：指從大氣中捕捉和儲存二氧化碳，以減少溫室氣體排放和應對氣候變化。

20 將生物動能稱為「生態系服務」（services écosystémiques）有時在政治上是有意義的，好比說，當我們為了改易歐盟共同農業政策（Politique agricole commune）而奮鬥時，將生物動能稱為「生態系服務」就能以補助來優待維持並捍衛這些動能的開採利用者，而不是像目前的錯謬邪惡的補貼這樣。然而，其他多數情況裡，「生態系服務」這種說法都是有害的。這一點參見法國跨組織平臺「邁向共同農業新政」（Pour une autre PAC）的活動：pouruneautrepac.eu。

自由演變火源的精粹很單純，就是在地景上四處灑布一個個擺脫了「它們需要我們」這種信念的環境。

因此，捍衛野生森林與荒野河川，不僅僅是「『改良』的絕對化」的相反：它是一種對治「改良的絕對化」之瘋狂的解藥。我們必須在土地上遍植這種解藥，就像一種提醒。

自由演變的火源是**整個社會**的學習：去學習「我們不介入生物編織，生物編織也並沒有缺陷」。生物編織不一定需要「整治」才能完滿，這種整治也不一定是一種「增值」：溼地被轉變為有生產力的田野時，除了嚴格的經濟意義以外，價值並沒有提升。這樣的教導若沒有在法國地景中、我們的眼前處處開展，實行重大農藝改革或經濟革命就是毫無意義的，因為遭到扭曲、出了差錯的，是與生物產生關係的基本框架。[21]

在像我們社會這種沒有自由演變之自然的社會中，在一個不信任生物動能所以不再有自由演變之自然的社會裡，自由演變的火源因此成為了哲學與政治的當務之急。正是在這層意義上，這些火源在與生物維繫的各種永續關係的光譜裡占了重要的一席之地。

生態上具體說來，這些火源產生了正面效果，但這不會拯救世界（要是「拯救世界」這句聖約翰與好萊塢被逼成婚生出來的彌賽亞式語句有任何意義的話）——然而，哲學上，這些火源可以提醒我們應當拯救什麼。

一旦我們的文明重新學會了這種信任，將之實行在地景中，我們當然可以整治、管理環境，在經濟上讓環境「產生價值」，但**方式將會不同**，因為羅盤的基準已經改變：要做的將不再是改善自然，而是根據對生物動能的信任，收集並微調生物動能，讓分寸有度的永續繁榮成為可能。

---

21 我們可以在自己身上體驗到這一點。在瞭解森林如何運作以前，當我穿行於一座未經管理的森林，我感到心思紛亂：形式的豐繁混亂，沒有能走的路段，地上的枯木，濃密的矮林（taillis）。一種美學上的不安，一種被排除在外的恐慌。我偶爾還是會這樣，往往是在我很累或沉浸於各種人類的掛懷時。看見某種建構出來的宇宙論是如何一路深深銘刻至我們最自發、最不假思索的感知裡，是很迷人的一件事。關鍵在於要慢慢去瞭解，儘管這些地景沒有自動自發歡迎我們，以森林的角度來看，在森林生態之中，這些地景卻是有意義的：雜亂無章倒在地上的枯木是歸還給分解者的生物量，將創造明日土壤的生命。因為，森林的各個物種正是在這些動能之中共同演化。

謝絕盲目信任

呼籲重拾對生物動能的「信任」並不代表任何活著的東西都值得追求或完美無缺，這樣就太荒謬了。生物世界不是「全然汎愛」。流行病、帶來破壞的入侵物種，都屬於生物，但這不能成為生物的範式，生物的範式並不是「束縛」與「敵人」等這些「自然」的典型形象。因為生物世界首要來說，是餵養我們、創造了我們的環境。與解我們渴的泉水、救我們免於餓死的繁生成熟果實的樹一樣，生物編織對我們並不存在主動且有意識的善意。

當然，未來幾十年間，被我們不永續的活動所紊亂的生物世界會產生一波波的反應，讓我們飽受摧殘：農業產量的危機、昔日已絕跡疾病的重現，還有各種流行病。然而，錯不在生物世界：生物世界並沒有雙重臉孔，一張歡笑慷慨，帶來做麵包的小麥，另一張凶殘無情，帶來流行病與洪水。世界只有一個，就是我們的這一個。它給予一切，我們的挑戰是收集它那些維繫我們生命的餽贈，並盡可能防範那些摧殘我們的饋贈，與此同時卻不向它發動戰爭，因為我們不會向承載我們的東西發動戰爭。

最重要的是，謝絕盲目的信任，謝絕向被重新神聖化的「自然」投注神祕主義式的諂媚：生物世界不會賦予我們標準或典範，不該是崇拜的對象。然而，如果我們不肯認生物世界自身的力量、自立自主、其沒有缺陷的性質，就不會有結盟。肯認前述種種，是一切真實聯盟的基礎。

信任是在擁有清楚認知的情況下產生的，而非主觀的依戀（對自然的熱愛）或宗教律則的襲承（對神之創造的尊敬）。這是一種對我們是什麼的明晰認識（換言之，清楚意識到我們是這些動能所塑造、維繫著生命的生物）。正是這種**清楚的認知**鼓舞著以森林的慷慨維生的原住民族，鼓舞著著迷於溼地相對於人類農業系統的生物量產能的生態學家，鼓舞著克勒茲省（Creuse）[22]實施生態農業的農人，他們每天都觀察到做所有工作的是土壤和蜜蜂；這些農人知曉自己所做的，就只是引導這些動能而已。

22 譯註：法國新亞奎丹（Nouvelle-Aquitaine）大區的一個省分，位於法國本土中央。

自由演變的森林從反面見證了生命不被投入勞動時的所作所為，因此也見證了積極管理對生命施加的影響。所以，它是恆定可靠的見證，能夠用來衡量我們森林開發行為的暴力或溫柔，以此糾正我們所為，尋得隨時制宜的顧念敬重。沒有了自由演變的森林，我們最終就會把被開發的森林當成森林的典範：我們最終就會相信森林需要開發才能健健康康。

自由演變的森林因此是個見證者——「見證者」的意思是，如此的森林是一個見證生物動能復甦與賦予生機的力量之地，一個重拾對創造我們的世界的信心之地。而我們前面已經看見，如果多樣多元的種種生命形式的生態連通性都獲得保障，這樣的森林也會是一個庇護的港灣。如此的森林是這個備受傷損的世界裡，向周遭輻散流淌著生命的泉源。最後，如此的森林是對織就生物編織、也就是我們的世界的動能展現信任的旗幟。

一個沒有自由演變的世界活在對生物動能的不信任中：這是一個對餵養它的環境

失去信任的社會之病兆。為如此的信任奮鬥，就是為了讓直率表達如此信任的自由演變場域得以切切實實繁榮而戰。

超越神聖化／開採利用的二元對立

對生物動能重拾信任並不僅僅是一個幫助我們擺脫絕對化「改良」迷思並瞭解自由演變的社會與文化功能的概念。它也是能讓我們擺脫開採利用與神聖化之二元對立的操作裝置。它是一具羅盤，幫助我們在被二元論刻意對立起來的各種土地使用方式——好比說，農民聯盟的使用方式與捍衛自由演變的協會之使用方式——之間，思索真正的政治聯盟。它是區分的標準，並非用來區分開採利用與神聖化，而是用來區分兩種類型的土地使用方式。「信任」與「不信任／貶低」的對比讓我們能劃出一條實踐上較為實用、政治上較為解放的分界線，在與生物的不同關係中公允明辨，以此思索面對系統性生態危機時不可或缺的土地使用方式集體變革。我們所須要的，是從其他不同的概念地圖出發，重新描述種種的做法與實踐，這些概念地圖自發傳送我們離開二元論的迷宮——傳送到另一幅圖景裡。

如果，正如我們前面所看見的，開採利用本身並不該受到譴責，整個關鍵就回到了區辨不永續的開採利用與永續的土地使用方式上。這是當然的。但是它們中間，要從哪裡劃下解剖刀？永續的開採利用跟不永續的開採利用相比，是不是就只是稍微比較永續，稍微比較「綠色」，稍微比較「有補償」，帶來稍微少一點破壞的開採利用？**沒兩樣，只是程度較低**？並不是，因為這種模式仍然是獨獨聚焦於產量和人類利益的現代開採利用。

如何依循我們嶄新的概念羅盤，理解並超越這樣的模式？

讓我們觀察各種現代主流開採利用形式一以貫之的幾項特徵，以將它們捕捉到一個概念裡。於此，我將某種以以下性質為特點的土地使用方式稱為「開採主義式的開採利用」：這是一種工業化、集約、往往種植單一作物、依賴農業化學（agrochimie）

工業的農業（或林業）。它有時被稱為「慣行」農業（agriculture conventionnelle），這種稱呼方式讓我們清楚看見了它的霸權。這是一種機械化、需要大量投入物（intrant）[23]、集中於大面積耕作的開採利用形式。它的中心德目是生產主義與報酬率。它意味著簡化環境中馴養品種與荒野生命的多樣性。它仰賴所謂的「最佳化」（其實就是**大量**）使用化學肥料、除草劑、殺真菌劑、殺蟲劑、生長調節劑與化石能源。不過，如何理解這樣大量使用綜合投入物所蘊含的哲學意義？它其實正是對這種做法背後隱藏的本體論假設——生物動能有缺陷，無法確保環境被要求達到的報酬率——做出的懾人回答。綜合投入物的功能，是取代生物的生長動能，後者被認為**有缺陷**、**不健全**。以哲學角度觀之，開採主義式的開採利用因此假定了它開採利用的環境是機能不全的。這種開採利用的基本態度是**貶低**生物動能——這意味著一種對抗、貶低、削弱、取代的關係。它這麼做的同時，就暴露了它隱藏的哲學身分：很簡單，就是繼承

23 譯註：為了促進生產過程或提高產品品質而使用的各種物質。可以包括化學製劑、原物料、資源、設備等，如肥料、農藥。

了「『改良』的絕對化」意識形態的農業。

開採主義式的開採利用是「改良」的農業；這麼說的意思是，它聲稱自己掌握了唯一正確的土地使用方式。但它認定的這種正確使用方式所要求的報酬率卻高到土地本有的生物動能**總是不足以**達成：這種農業並非以土地之所能生產為準，而是以架空離地、在一個與真實生態脫節的經濟裡決定價格的市場機制為準，生物動能在其中於是總顯得**不足**、**有缺**，需要替代品，亦即長遠來看帶來破壞的短期人為逼迫（強力肥料與殺蟲劑，橫征暴斂的耕作）。

這並不是因為這些農人無能或不道德，而是因為價格體系（système des prix）影響了他們的行為，直到產生這樣的回饋：他們的土地及其庇護的生物動能幾乎都結構性地不足：正如繼承此一傳統的開採利用者那悲慘的自殺率所顯示的，這是一種讓人瘋狂的機制。[24]

如今我們驚恐地承認，這種土地使用方式的特點，就是它名副其實地「不永續」。換言之，它殺害了土壤的生命，摧毀了為其授粉的昆蟲族群，從而削弱了甚至是它自身得以存續的條件——以至於不得不構思終極的替代形式：利用無人機授粉，取代它以大量殺蟲劑毀滅的蜜蜂、昆蟲與鳥。

它那普羅米修斯式的傲慢，以及對生物自發動能的貶低，不思改變做法來讓授粉者族群自我再生，寧可用薪資條件惡劣的勞工替代牠們，這些勞工只能用沾滿花粉、固定在自拍棒上的菸頭來為每一朵花授粉。[25]這種絕非虛構的人工授粉情景，是我們能夠賦予這種開採主義農業的哲學本質最清晰的象徵：它建基於對締造它本身的生物動能的**不信任與貶低**，故亦建基於人類勞動對生物動能的替代上——人類勞動本身也因為效應的擴散而一併被廉價化了。一種貶低導致了另一種貶低。

24 這是問題的一個關鍵：要擺脫對開採利用者本身的道德說教式批判，必須注意到，此現象是機械性連動的。這一點已由其他人充分揭示，但我們可以在此略述其中幾項機制：近乎全球化的競爭，生產者與消費者之間的中間商增加，這讓中間商與流通業者（distributeur）得以利用力量對比來施壓，使供應鏈末端的價格上升，供應鏈起點的價格下降；長途供應鏈愈是延長，這種效應就愈明顯。

25 強納森·薩法蘭·弗耳（Jonathan Safran Foer），《地球的未來從您的餐盤開始》（*L'avenir de la planète commence dans votre assiette*）, trad. Marc Amfreville, Éditions de l'Olivier, Paris, 2019.

所以，以對生物動能的信任、或者不信任（因此須要「改良」）的角度思考，讓我們能夠換個方式理解大量使用投入物的集約農業擁有的哲學身分。它的定義是：「不思激發、照顧生態動能，反而自己取而代之」的衝動；「不思透過靈巧精微的行動來融入環境動能以對之微調導引，反而對環境實施人為逼迫」的意志（我們之後會看到，透過精微行動融入動能以導引動能則是高度環保的小農生態農業的特質）。

作為「荒野自然」的有害生物肖像

如今，這種不永續的農業在所謂的「已開發」國家占居主流，其模式是由對環境生物生態視而不見的市場經濟之類的外來要求構建而成的；因此，它忽略、遮掩、否認其與生物動能的真實關係。我們可以在田野現場追蹤一項讓這一點無所遁形的病兆：這些開採利用形式的承繼者與所謂的「荒野自然」（nature sauvage）、所謂的「有害生物」（nuisible）維繫的關係。

這個傳承裡頭，確實有種在田野現場經常遇見的傾向：將荒野自然想成是前來**蛀蝕**生產的外部力量。但這就是某種二元論哲學的流毒了：光合作用是野生的，但每顆麥粒都是光合作用給的；膜翅目昆蟲（hyménoptère）和開花植物數百萬年的共同演化是野生的，而水果是它給的；土壤的生命是野生的，讓田地得以運作的正是牠；授粉是野生的，因為授粉，我們才年年有收成。結果，當一匹狼來了，一隻吞吃蘋果樹的車前草蚜（puceron cendré）來了，一隻寄生的蘋果蠹蛾（carpocapse）來了，一隻普通鵟（buse）來了，我們就同時稱其為「有害生物」**與**「荒野自然」，以此將「有害生物」樹立為這個整體的官方代表，並認為這裡沒有牠的容身之地，認為這個野生的自然與農業的開展**彼此對立**，就好像因為某天我們感冒了，就恨自己的整個身體，把自己的身體當成生命的障礙來對待那樣。然而，身體是允許**全部**生命的奇蹟，有時候也允許感冒。

將「有害生物」——有害生物本身從不存在，只有對特定利益而言才談得上有害生物——樹立為荒野自然的原型，就構成了這種開採主義式「改良」農業的哲學偏見。這種偏見導致了對沒有生產力的荒野生物多樣性的不容忍，欲除之而後快。[26]另此一提，這就是這種農業與生態農業不同的地方。生態農業與為害作物的生物（bioagresseur）保持著更加曖昧、微妙的關係：有所控管的款待，將獵食的動能轉去對抗為害作物之生物大量繁殖的生物防治（lutte biologique），劇烈生猛但從不意在根絕的協商談判（挑戰是將這些生物的大量繁殖維持在開採利用所能忍受的門檻以下）。

造就農場的野生力量

要瞭解這些，我必須讓另一個要角登臺亮相，它將代表生態農業的論述與利益：充盈著另一種與環境關係的有機小農農業。法國野生動物保護協會新近取得的自由演變火源（「韋科爾荒野生命」保留區）直線距離幾公里外坐落著大拉瓦樂農場（ferme du Grand Laval）。這是一片十四公頃的混合農業（polyculture-élevage）：果園裡牧養著母羊與母雞，這是一整套精細構想的系統，意在實現投入物的自給自足，在餵養人類的同時讓環境生機豐茂。

我們可以將大拉瓦樂農場理解為我們為了重燃生之燼火所需要的機制——那些具規模生態行動槓桿的一員。這種槓桿不外乎是好幾種看似不起眼的想法在一塊土地上，在地且因緣際會的邂逅；這些外表不引注目的想法一旦被兜攏在一起，就帶來深刻的變革——但並不鳴鑼開道、大肆張揚。大拉瓦樂農場的槓桿是三個小小想法的結合，由場長塞巴思契安・布拉煦（Sébastien Blache）構想而成：一種有機的、循環的混合農業；以開辦農產品直銷店（magasin de producteurs）來達成的短通路；積極主動接待有助於保護農場的、盡可能廣大的野生生物多樣性。

26 我們於此再度應用了這項調查研究裡反覆出現的方法要素：將追蹤動物（pistage）的教導應用於土地工作者們的做法與語言成分上。要做的，是留心那些不張揚的潛在線索、暴露出深層心理的細節，也就是隱而未顯的形上學結構。接下來的關鍵是要用另外的本體論地圖來取代這些往往屬於二元論的承傳；而這些新地圖倚靠著土地工作者們已經擁有的其他基本直覺，好比說，農人對植物自身生長藝術的信任——這些新地圖將是一張張經驗的地圖，擁有讓地球更宜居的實踐企圖，提供了更適合我們與生物世界其他部分無可迴避之共居的政治潛力。

我們與塞巴思契安一起修剪桃樹、追趕雞群，體驗到了一種龐大的形上學現象，這現象常常遭到忽略——儘管所有沒被農業現代性盲瞽了眼與心的農人一直以來都知之甚詳。我們稱之為「馴養、開採利用、農業」的東西，實際上指的不是別的，就是生物那些古遠得無以追溯的野生動能，只不過被人類活動**在邊緣的地方**彎折調整了而已。

這些織就了生物編織的動能是哪些？光合作用，授粉，促進作用（facilitation）[27]，合作，獵食，寄生，互利共生。說得更有結構一些，還有：變異，選擇，多樣化，因此還有共同演化、再生、韌性。從更全面的生態學角度來看，有：碳、物質與水的循環，太陽能的流動在生態金字塔（pyramide trophique）[28]裡的涓涓流淌。

當我們栽培小麥與蘋果、採收木材，啟動的正是前述的一切。讓我們返回這個問題：這些動能是野生的，還是馴養的？於此，我們看見了這個問題問得不對——美洲原住民有句諺語說得好：殖民者帶著他的馴養概念抵達以前，並無所謂野生。這些動能是野生的，這麼講是因為這些動能正是生物遠早於我們出現以前，就已經有的樣子：這些動能是獨立於我們的。不是我們創造了這些動能，而是這些動能創造了我們。然而，這些動能野生的性質並不會將它們排除在——順著非此即彼的二元對立邏輯來說的話——生物被馴化的那些地方之外。因為馴養只是收集、彎折調整這些動能的一種方式。

當我們以生態演化科學提供的生物動能概念來思考，野生與馴養的二元對立就變成宛如空中樓閣的架空想像。世界上只有野生的動能而已，這些動能的其中一些被人為選擇和人類勞動局部地、表面地彎折調整，來為我們帶來好處，有時則遭到摧殘、削弱，但生物動能的整體運作與實際效果是比我們還古老的。

27 譯註：生態學中，促進作用指的是生物改變環境，從而裨益其他生物的過程。如某植物改變土壤條件（增加氮含量等），從而促進其他植物生長。又如某些動物的活動（挖掘、築巢等）改變了環境結構，使其更適合其他物種生存。這些促進作用對維持生物多樣性和生態系統的穩定有益。

28 譯註：亦稱能量塔、營養塔，是一個生態學概念，用來描述生態系中不同營養級間的能量、數量或生物量的分布。這種金字塔形的結構顯示了在每一營養級中，能量或物質如何從底層的生產者向上層的消費者流動。

生產的形上學

凡此種種都讓我們對所有世界史課本、所有史前博物館展板上一再出現、看似無關痛癢的一句話有了不一樣的理解：隨著新石器時代畜牧業與農業的出現，我們從「獵食過渡到了生產」[29]。這句話化身為我們的新謎團。在這項我們與生物關係的調查研究裡，它的功用宛如一道等待追蹤的新足跡的第一個腳印。維爾・戈登・柴爾德（Vere Gordon Childe）的這個經典說法業已成為我們的起源神話。根據這樁神話，國家、城市的誕生，以及定居的開始，都源於被想成是**生產了我們的生存給養**的農牧業，迥異於只是將獵食行為應用在動植物的自然「繁殖」上的狩獵採集者。[30]讓我們先忽略這種區分所殘留的帝國主義民族中心主義（ethnocentrisme），仔細鑽研這個啟人疑竇的說法本身的意義：從獵食過渡到生產，換言之，過渡到生產自己的給養。一旦我們分析這種說詞，它就不理所當然了，取而代之的是一個深淵。

昔日，我們狩獵摩弗侖野綿羊（mouflon）[31]；如今，我們吃綿羊。語源上來說，

「生產」（produire）的原義是「給予生命」[32]。可是，從肚腹裡完完整整生出小羊的可不是畜牧業者。給予小綿羊生命的是母綿羊，一如給予小摩弗侖野綿羊生命的，是母摩弗侖野綿羊。而難道不是太陽讓草地生長，草地又一視同仁地讓摩弗侖野綿羊和綿

---

29 這是柴爾德用來描述「新石器革命」（révolution néolithique）的說法；這在現代對新石器時代變革進程的理解裡，已成為難以撼動的一部分。參見柴爾德，《人製造自己》（*Man Makes Himself*）, Oxford University Press, New York, 1939. 凱瑟琳・佩勒斯（Catherine Perlès）在這篇文章裡精妙分析了「獵食過渡到了生產」這個說法：〈為何新石器時代？理論分析與觀點演變〉（Pourquoi le Néolithique ? Analyse des théories, évolution des perspectives），收錄於Jean-Pierre Poulain編，《人、攝食者、動物，誰餵養誰？》（*L'Homme, le mangeur, l'animal, qui nourrit l'autre ?*）, Observatoire Cidil des habitudes alimentaires, coll. "Cahiers de l'OCHA", n° 12, Paris, 2007, p. 16-29.

30 史前史學家雅克・考文（Jacques Cauvin）以不同的方式說了同樣的事情：我們原本是「生物自發繁殖的旁觀者」；我們過渡到了「主動生產」。據此，我們從自然繁殖過渡到了生產。奇怪的魔法又出現了：那植物與動物就不再繁殖了嗎？參見考文，《神祇的誕生，農業的誕生：新石器時代的象徵革命》（*Naissance des divinités, naissance de l'agriculture. La révolution des symboles au Néolithique*）, CNRS éditions, Paris, 1997.

31 譯註：一種野綿羊，擁有螺旋形或彎曲的大角，是馴養的綿羊的祖先。

32 一如拉丁文的producere，法文的「produire」也有使之出現、或是使之明顯之意。我們可以看見，這個詞在法文裡的源頭並沒有區分自然所為之生產與心智或藝術（技術）所為之生產。這在笛卡兒的話中昭然若揭：「我們不能假裝或許有好幾種原因一起對我的生產有部分貢獻」。（*Méditations métaphysiques*, III, 22.）

羊成長的嗎？那麼，我們是在哪種意義上能說我們「生產」了連智人都尚未來到的時候就已棲居歐洲的羊？或明明已經存在了幾百萬年的小麥？

如果我們仔細端詳審視，這究竟意味著什麼？如此神祕的形上學操作如何得以被樹立成理所當然的一句套語，來定義我們成為了誰？這的確是一種心理突變、一個盲點，它強大到連主要的新石器時代理論家都不加質疑持續重複它。二十世紀的考古學家談到「生產」的時候，他們把從他們的現代理論傳統、從源於西方傳統的經濟、哲學、神學成見所繼承到的觀念，全都投射到遙遠的往昔。要做的是解構這個觀念。不再用「馴養的田園」與「野生的環境」二元論角度、而是用生物動能的角度來提出問題，讓我們能以嶄新的眼光看待這段精彩的歷史。

當然，墾荒的農人可以用小麥田取代野生森林，但當他種植小麥時，仍然並不是在**生產**小麥，因為他並不是使用某個被動物質來製造小麥的製作者。那麼，「生產」意思為何？德思寇拉致力於界定對自然主義而言如此自然的關係模式——「生產」時，下了這樣的定義：「生產作為設想某種施於世界之行動、設想主體與客體間特定誕生關係的方式，因此是毫不普世的。生產假定了一個特性鮮明行為者的存在，這個行為者將他的內在性投射到某個不確定的物質上，以此產生一切皆歸功於他的某個實體，從而為這個實體賦予了存在，他接著就可以將此實體據為己有、為己所用，或拿它交換同類的其他實體。」[33]

於此意義而言，從來沒有哪個農人、牧人**生產**過小麥或羊肉。生產小麥的，並不是針對某個「不確定的物質」所進行的某種人類「內在性的投射」：小麥出奇複雜的器官形態源於數百萬年的演化塑造。昔日馴化小麥的人就只是每年揀選了麥粒最碩大的小麥株、擁有不易脆裂斷離的穗軸（rachis）的小麥穗；[34]這兩種改變乃是野生小麥**自發**的變異。就連野生小麥與馴養小麥之間由馴化行為帶來的可見變化，也是**演化**之所為：不受引導的變異，以及選擇（農人在這邊倒是把身影藏匿起來了）。達

33 德思寇拉，同前引書，p. 445.

34 譯註：麥粒成熟後，野生小麥的穗軸就易碎易斷，促進種子落地傳播，但這樣就不方便人類採收。因此，人類人擇了穗軸較不易斷裂脫離的植株。

爾文藉由觀察育種者的工作，出其不意地抓住了這個真相，他寫道：「人類無法生產（produire）、也無法阻止變異，只能保存出現了的變異。」[35]耐人尋味的是，他使用了生產（produire）這個動詞，以此拒斥品種生產者的製造者身分——保存、牽成生物某些自發的提案，並不是生產。

生產小麥的，是漫長的穀物演化所調校出來的光合作用：換言之，穀物無法替代的「攝食太陽能來創造以穀粒為形式的生命物質」的能力。野生小麥是「不確定的物質」的相反：牠是一種高度功能性、有能力代謝無機元素的形式；這樣的能力，**沒有任何**人類技術複製得出來。

至於是誰生產了羊肉，還是一樣是光合作用，以及反芻動物比我們還悠久的演化，牠們的演化創造了這項代謝奇蹟：在瘤胃（rumen）裡讓共生細菌消化植物來產生血肉。沒有任何人類生產肉，我們注定就只是趁機從這項古遠得無以追溯的多重物種奇蹟裡頭獲益。[36]在我們關注的田園傳統裡，「動物產品」的概念奠基於一些哲學操作，這些操作的功能是消除掉認為動物自己工作著、或是生產著價值的任何可能性。[37]

那麼，如果我們不事**生產**，我們做的是什麼（因為，農牧生活裡確實有工作要做，要求還很高、很令人疲憊、很仰賴智識）？我們**收集**生物世系與其環境共同演化所產

35 達爾文，《物種源始》, trad. Edmond Barbier, Maspero, Paris, 1987 (1859), p. 85.

36 我們不妨順道回顧環境國是會議（Grenelle de l'environnement）針對法國森林的口號：「生產更多木材，同時精進生物多樣性保護」。除了這個口號不言而喻的荒謬的自相矛盾，我們不妨再次回顧這個誤解的本質：從來沒有哪一位生產過木材，至少人類沒有過。我們截獲了生物動能的產物，最多就只是彎折、挪用了這些動能，我們並沒有生產木材：生產木材的，是裸子植物（Gymnospermes）與被子植物（Angiospermes）的演化，還有融入木本植物（ligneux）機體，吞吃陽光、用陽光製造血肉的維生解方珍寶。我們最多最多就只是蒐集木材而已。

譯註：環境國是會議為法國於二〇〇七年舉辦的一系列政界會談，旨在為環境保護與永續發展訂定長期決策。六八學運期間，法國召開了一系列政府與勞資雙方的談判協商，因在坐落於巴黎格勒納勒路的勞動部舉行，其協議以「格勒納勒」（Grenelle）為名。此後，「格勒納勒」在法國從專稱變成了泛稱，指稱集結了政府、產業界或非政府組織各界代表所進行的特定議題辯論，可粗略對等於臺灣脈絡的「國是會議」。

37 關於這一點，參見麥可・外斯（Michael D. Wise），《生產獵食者：北洛磯山脈的狼群、勞動與征服》（*Producing Predators. Wolves, Work and Conquest in the Northern Rockies*）, Nebraska University Press, Lincoln, 2016.

生的古遠得無以追溯的力量，我們**彎折調整**這些力量，來改善收成的多樣性、產量、味道、耐久度，以此餵養一個社群。

然而，在現代傳承裡，所有的農業委員會（chambre d'agriculture）[38]與經濟體系都大談「農業生產」。農人與牧人成了生產者。我們之前是怎麼能把我們生存給養模式締造者的歷史建立在只要稍微觀察路過的第一塊麥田就能駁斥掉的講法呢？認為我們生產著餵養我們的東西：如此的本體論大災難是一個巨大的謎奧。[39]世上繁多的農耕與畜牧文化都馴化了生物，卻從來沒有宣稱、也沒有認為自己「生產」了牠們。[40]因此，人類自居生產者並不是向農牧社會過渡的必然後果，而是一個起源神話；要理解這個神話，必須漫長掘探，不過，在這邊容我對此稍稍聊幾句。並不是要溯述其歷史，而是要藉由和其他與生物的關係進行多重比較的一個把戲，來闡明這個神話的後果：勾勒出這個神話的形態。

「我們**生產**我們的生存給養」的空想理念，我稱之為「生產的形上學」。

生產的形上學可以如此定義：其為一個哲學、經濟、政治與法律的建構，特點是將獨創的屬性加之於人類行動上，後者從此被界定為「生產」。它是如何運作的？它依循一套我們可以追蹤的隱蔽規則。首先，它必須貶低生物在牠**自己的**誕生裡的能動性，換言之，輕描淡寫生態與演化力量在製造羊毛、肉與穀粒時發揮的必要作用。接著，它必須高估人類在「產品」誕生過程中的主動性（可以說是改造的成本）。餵養、照料、播種、管理樹木被標舉為有生產力的、不可或缺的、帶來誕生的做法，以掩蓋生存給養的真實來源。藉由如此行徑，生產者自居為他所栽種或養殖之生物的「製造者」，而這自然令他得以據之為己有（這個操作構成了得以對這類實體行使私有財產

---

38 譯註：法國政府機關，旨在促進農業發展與農民利益，提供諮詢、訓練與支援，代表農業從業人員的利益。

39 對這個本體論事件的歷史與哲學分析是我目前進行的題為「生產的形上學」的研究計畫的主題。

40 我們之後會引用德思寇拉描述的希瓦羅人（Jivaros）與玉米植株的關係。我們還可以援引一位名為巨雷（Big Thunder）的阿本拿基族（Wabanaki）美洲原住民所說的話：「土地餵養我們；我們在地裡栽下的，土地使之回歸我們，土地就是這樣給予我們有療效的植物。」（《赤腳行聖土》〔*Pieds nus sur la terre sacrée*〕, trad. Michel Barthélemy, Gallimard, "Folio sagesses", Paris, 2015, p. 29.）

權的條件）。

外斯於其十九世紀美國蒙大拿州（Montana）與加拿大亞伯達省（Alberta）邊界資本主義牧場主、牲口、美洲原住民黑腳民族（Amérindiens Blackfeet）、狼和野牛（bison）間關係之歷史研究中，分析了這種高估人類在產品誕生過程中之主動性，以將之標舉為「生產」的最明晰案例。[41]他揭示了，生產者與獵食者的分類並非生態學上的現實，而是殖民者為了合理化他們奪取土地、神聖化他們與環境昔日之人類和非人類居民展開的爭鬥，而**建構**的對比性表述。確實如此，資本主義牧場主為了合理化其牛肉**生產者**、價值創造者的地位（並使自己與美洲原住民和狼有別；根據資本主義牧場主，這兩者就只是野牛的**獵食者**，價值的摧毀者），就必須自我標舉為牲口的保護者。但是，明明資本主義牧場主養牛是為了最終殺害、食用牛（因此在生態意義上，他就是獵食者）。說是保護者，那麼是抵禦誰？抵禦獵食者。就在這裡，他藉著保護自己的獵物抵禦獵食者，自我標舉為「保護者」。這樣就夠了。而明明從功能生態學（écologie fonctionnelle）的觀點來看，從太陽到草到野牛再到（被貶斥為獵食者的）原住民的能量流轉，與從太陽到草到牛再到（被抬舉為**生產者**、價值創造者的）牧場主的能量流轉，完全沒有差別。同樣的現實生態，不同的形上學。這個畜牧傳統裡的生產者，因此就是整天保護著動物免遭**其他**獵食者侵害的獵食者；與此同時，獵食者（黑腳民族或狼）呢，則整天尋找動物以獵食之。這合理化了該獵食者接受教育或遭到根除的必要。正是透過區辨兩種食肉者日常行為的不同，這個怪異形上學裡的本質差異及隨之產生的政治才得以成立。

透過形上學的強迫扭轉（貶低生物於自身之誕生中的能動性，高估人類的主動性），如此傳統將馴養的植物與動物據為己有，將牠們編碼為我們行動的**產品**。這個過程產生了決定性的效果：將這些生物從泛靈論和狩獵採集給養模式特有的與「提供饋養的環境」的交換模式中抽離出來，[42]以從此將牠們視作「不確定的物質」，而我們的行動據

41 這一點參見外斯，同前引書。

42 關於這一點，參見侯蓓特・哈馬永（Roberte Hamayon），《靈魂追獵：西伯利亞薩滿信仰的民族學概要》

說為這些物質**賦予了形式**，我們也據稱為其**製造者**——因此為其所有權人。我們在此看見了生產與占有之間的邏輯－政治關連。「我們生產我們的生存給養」這個神話對合理化我們將生物據為己有而言，是不可或缺的。生產與占有間的這個繫連在「是否能拿生物去申請專利」的這個當代問題裡昭然若揭，這個問題亦**重演**了生產的形上學。從事遺傳工程（génie génétique）的實業家就只是讓數十萬個基因裡的一個——一個生物的基因組（génome）裡微不足道的一丁點——產生變異，以此占有由此構成的品種，並將明明已演化了數百萬年的物種據為己有。[43] 打個比方：請走近一幅大師畫作，例如美術館裡展出的某幅丁托列托（Tintoret）[44] 之作，然後用彩色筆在上方的角落加點顏色，這幅畫就屬於您了，既然您「生產」了它，創作它的就是您。我們在此清楚看見生產的形上學變了個魔術，將本體論的幻想轉化為政治經濟學。

有人可能會在這裡提出異議，認為專屬現代農藝學的實驗室品種選擇、基因改造（transgenèse）、遺傳工程、機械化，都突顯了生產過程中，人類才華的分量：但是其實，如果我們把時間放長遠來考慮，相對於工作著的真正生產性力量，也就是生態與演化動能，這些技術從來就只是表淺的彎折調整而已。它們放大了產量，但完全沒有為這個過程創造什麼。[45]

這樣一來，我們社會的這個起源神話所導致的重大生態效應，就是廢除了「對非人類環境有所虧欠」的悠久母題；在不相信「自己生產了自己栽植的玉米」如此奇談怪論的各個泛靈論文化裡，這個古遠得無以追溯的母題無所不在。廢棄了這個母題讓

（*La Chasse à l'âme. Esquisse d'une ethnologie du chamanisme sibérien*）, Société d'ethnologie, Paris, 1990，以及哈馬永針對以跨物種血肉流動為基礎的西伯利亞宇宙論的分析。

43 參見布蘭煦·瑪卡悉諾絲—黑（Blanche Magarinos-Rey），《無法無天的種子：被侵占的生物多樣性》（*Semences horslaloi. La biodiversité confisquée*）, Alternatives, coll. "Manifestô", Paris, 2015.

44 譯註：義大利文藝復興晚期的威尼斯畫家，為威尼斯畫派巨匠、巴洛克藝術先驅。

45 要看見這一點，只須比較野生的一粒小麥（blé engrain）與最精良的基因改造小麥。前者就像我們陰錯陽差收到的外星引擎。我們可以將之稍微改善，但沒人能憑空創造一模一樣的東西：光合作用和澱粉儲存的遺傳學是一種無法複製、古遠得無以追溯的禮物。
譯註：一粒小麥亦稱單粒小麥，是最古老的小麥栽培種，人類於西元前八千年左右於中東將之馴化，是人類第一種馴化的穀物。

開發環境的**限制**得以鬆綁。泛靈論狩獵採集者的社會形式之所以可以自發地**限制**每個人對生物動能的產物這些共有財的使用，正是因為泛靈論狩獵採集者肯認他對讓自己存活的森林有所虧欠，肯認森林是提供饋養的環境。承認有虧欠導致強力社會機制出現，奠定了種種永續的形式。[46]

從此出發，對我們的農業與社會形式的最後一個決定性影響，就是生產的神話廢除了對提供饋養的環境**投桃報李**的必要。既然我們生產了我們的生存給養，而不是從環境那裡收到這些給養，我們就**什麼也不欠任何人**。這否定了在不相信自己有「生產」的人類集體中普遍存在的「非人類的饋贈與回贈」母題：必須**回報**個什麼給賦予我們生命的環境，來為環境維持足夠的生命力，讓它能自我再生，持續給予。在生產的形上學裡，任何對環境並非刻意的饋贈所抱持的感激都是難以想像的。

為了簡明扼要展示生產的形上學導致的世界變化，我們可以勾勒出一組形態的對比，在一張虛構的圖表裡比較不同的歷史與地理所帶來的現實。在狩獵採集者生存給養的模式中，人們攝食的生物是生命，是持有血肉者，我們透過中介（intercesseur）、獵物與花園的主宰，來協商這個持有血肉的生物的生命。這乃是以一種設想為背景，這種設想將世界想成是血肉在不同生命形式（人類，動物，植物，森林，監護的力量）之間流轉：一個須要人類與非人類彼此交換、互惠的水平循環。

自居生產者的牧人與農人生活在另一種宇宙裡。在此，動物與植物不再是人。牧人與農人不必與獵物的主宰協商動物與植物的饋贈。動物與植物成為了財產，牧人與農人成為了這些財產的分配施予者：功能上，牧人與農人取代了自己舊日的神祇。牧

---

46 某種意義而言，正是將共有財理解為提供饋養的環境、將人類理解為提供饋養的生物群集種種生物裡的一個與大家相互依存的生物的這種本體論的、政治的理解，讓我們能夠避免陷入加勒特・哈丁（Garrett Hardin）想像的「共有財的悲劇」（“The Tragedy of the Commons”, *Science*, 1968, vol. 162, nº 3859, p. 1243-1248）。這樣的理解構成了一個讓共有財實際管理能夠運作的標準；我認為，伊莉諾・歐斯壯（Elinor Ostrom）就少提了這項標準。參見歐斯壯，《治理共有財：集體行動機構的演變》（*Governing the Commons : The Evolution of Institutions for Collective Action*）, Cambridge University Press, Cambridge, 1990.

譯註：「共有財的悲劇」指的是資源為多人共有、又無使用限制時，每個人都將為了自己利益而盡可能使用共有資源，最終導致資源耗盡。

人控制著馴養的獵物的繁殖，取代了昔日獵物主宰的地位，因此獲得分配施予者的地位。是他選擇哪匹動物要被殺死、由群體分享（這是畜牧文化裡的烤全羊〔méchoui〕母題，它賦予了族長〔patriarche〕這種超群的地位）。分配施予者與他所分配施予的東西沒有交換關係：他支配擁有。人類這種動物第一次如此酷似一尊神祇。[47]既然在他的圍籬內，他是這些生命形式的原始所有權人，他就不再須要協商物種間的血肉流轉。他什麼也不欠任何人了，什麼也不欠環境了，什麼也不欠獵物的主宰了：血肉的流轉以商貿和繼承為形式，在**單一**物種——人類的內部進行；而動物從人變成了被據為己有的財貨（當然，這種變異的過程長達幾千年，為利知識傳遞，我們於此進行了虛構）。

前述的動物成為了一種財富，變成人類之間交換的客體，而不再是持有血肉的人，不再是在提供饋養的環境裡進行跨生命形式交換的主體。

所以，生產的形上學作為現代人的起源神話，進行了一項本質屬於政治的操作，這允許了它兩件事：肯定人有生產，就讓生物得以被人據為己有，並合理化了人類完全不再須要對提供饋養的環境投桃報李。這就是它的功能、它解除限制的機制。將提供饋養的環境無償給予的饋贈顛倒為生產，在某種意義上為自然主義奠定了基礎。[48]

簡單地說，儘管我們已將生產的概念融入我們的傳統中，它仍然是對人類行動的一種獨樹一幟又怪奇無比的設想。其特色在於，它是一種非常特殊的超能力：讓非自然從自然裡頭出現。如此一來，生產就發明了我稱為**非自然**（**anature**）的東西（a代表否定）：這個相對於「自然」的他者，隨後將用來描述一切屬於文化、技術、社會的事物。這個生產的設想是自然／文化、自然／人類、自然／人造等等二元對立得以

47 而非人類的動物可以被想成是產品（史前神祇創造了一個東西，其自身也因此創造了一尊神祇——另一種類型的神）。

48 標舉唯一至高的「人」（Homme）為生產者，可說是人文主義的一個面向（其一部分的基礎）。「人」不再只是與其他神造物並無二致的上帝創造，而藉著成為生產者，獲得了一部分的神之能動性；與此同時，隱居幕後的上帝悄悄離開了舞臺。環境也不再是提供饋養的上帝的禮物，而成為等待人類生產的不健全、有缺陷的物質。

成為可能的隱藏條件。透過它，這種操作的繼承者們就自命為自我抽離出某個包納萬有的整體（生活環境）的存在；對比之下，這個整體則被稱為「自然」。一旦我們把人類想成住在他**自己的**各種生產之間的居民——想成一小塊行動有**獨特**魔力（產生非自然）的自然，「自然」在「並非由人類生產的世界」這個意涵上，就是剩下來的，以「外面」之姿浮現，並因此與眾不同。現代人的「自然」是一種殘餘物。

如此一來，在自然主義中，擁有內在性並不太是區辨人類與「自然」的操作機制，而是擁有了下面這項獨特之處之後產生的**症狀**。這項建立了隱而不顯的真正區別的獨特之處，乃是「擁有只歸屬於人類的獨一無二力量」；而這項力量正是有意的行動，更確切地說，是**某種**對人類行動的設想，它在這裡的定義是「不從外部原因接收意志的，**生產**事物的事件」。因此，擁有內在性就只是確保人類有能力**逸離**「自然」的前述獨特之處的次要症狀而已。所以，**不**自然的，並不是整個人類或一般而言的人類（生理上的身體，一如支撐象徵生活的神經生物學〔neurobiologie〕，還有製造每個技術物〔objet technique〕的物質，確實都是自然的）：不自然的，是我們的傳統想像出來的一種超自然能力——作為生產能力的刻意行動。於此，我們瞭解了為何「自然」確實是一個既民族中心主義又光怪陸離的概念。作為對比，「非自然」不是人類，而是人類行動及其產物（亦即：文化創造、技術發明、社會制度……）。

因此，我們這套針對「人類行動是什麼」的奇異形上學企圖從自然本身發明一種超越的槓桿，一種煉金術式的轉化。據此，恐怕有某個時刻，從自然裡浮現了異於自然之物，而人類行動正是此處的操作者，它創造了非自然：某種與自然本質不同，逸離自然，卻又源於自然之物。[49]我們的哲學傳承多麼光怪陸離啊——一點都不會輸給最天馬行空的神話。

這種自我實現的形上學將繼承它的人類從他與饋養他的環境那些饋贈與交換的建

49 人如何可以相信一個自然的存在擁有一種屬性（行動），使他能讓自然浮現出非自然？衡諸歷史，往往只要改變「人類是自然的存在」這個前提就可以了：賦予人類神性的本質吧，然後倏乎之間，謎奧就自己消失了。人類可以像創造他的神一樣，藉其行動進行生產，創造，使另一種統治浮現，正是因為他擁有神性的星星之火。

構性之關係裡解放出來，這就解開了人類的束縛，讓人類從種種相互依存之中斷離出來。他相信他的行動讓他成為他占為己有的本體論團塊的製造者與所有權人，因而實實在在抽離了自己，給了自己架空離地、可能帶來破壞的自由，也給了自己宇宙式的孤獨（solitude cosmique）——這種自由與那種孤獨，全都屬於現代人。利用這種創造非自然的力量，以一己之行動凌駕「自然」、逸離「自然」、取代「自然」，成為了這種怪奇人類的一項使命。

其他所有民族確實都創造著種種技術物，行動著，局部製作著自己攝取的東西，但只有生產的形上學的繼承者們稱呼這一切為「生產」。確實如此，世界上存在著許許多多設想人類行動的方式，這些方式並不以「生產」的角度思考：人類在這些設想中是更大力量的載體與通道，這些巨大的力量通過人類，被人類彎折調整，人類與這些力量進行交換或協商。但我們繼承了一種對行動的神奇設想（這種設想在我們傳統內部被諸多理論與實踐的防火線所質疑，但確實仍占居主流），於此設想之中，我們不是超越我們、灌溉我們的力量所通過的管道，而是不由外部引致的原因，是絕對的起點，承載了我們施加於被動物質的內在形式。所以，我們是生產者。50

生產的形上學是一台巨大的機器；如今，它以統一的方式運作。它的周遭處處出現、亦曾持續存在著繁多形式的替代方案，還有與行動、與生物、與土地的其他種關

---

50 這種形上學對於行動的設想為何？它是「形質說的」（hylémorphique）：換言之，物質於此設想之中，是純粹的被動性、純粹的可塑性，等待接受人類心智與意圖所產生的形式；這樣的形式將施加於「自然」物質之上。但還有其他種對行動的設想。好比說，道家思想中，行動乃是在自身之中迎接通過我們、我們從外部接受的意志之流，最多也就只是以無限的精微（「無為」〔non-agir〕的精微）去彎折調整這些意志的流動。相反地，例如笛卡兒或康德古典哲學的自由概念，就把行動想成是純粹的行為，是不由外部引致的原因：是絕對的起點，主體於此透過為被動、可塑的物質賦予通過他的意志之形，來產生其行為。康德的自由是生產的形上學其中一種的變化。一如形質說低估了物質的黏土與模具的能動性，以此高估人類行為及其賦予形式的主動性，這種形上學的繼承者貶低了接收到的條件之流湧，高估了自由行為者的主動性，來把自由行動想成生產。在這裡，自由行動之於促使我們行動的外在與內在原因之流湧，一如磚塊之於被動且可塑的黏土，一如馴化的綿羊之於其祖先摩弗侖野綿羊。

譯註：茲摘錄《教育大辭書》中，楊龍立撰寫之〈形質說〉辭條以簡述形質說：「形質說為以形式與質料來說明事物之變化的一種學說。就希臘文字義來探討，而hyle列為指物質或質料（matter），morphe則指形式（form），hylomorphism指主張任何自然事物皆具有形式與質料兩種成分的學說。」詳參：https://terms.naer.edu.tw/detail/1305643/?index=1。

係；然而，這些替代方案與關係的存在都相當有限、邊緣。換言之，不事張揚又具建構性質的這套生產的形上學，恐怕在西方已是霸權，儘管它擁有好幾種外形；這些外形無所不在，在我們裡面、我們之間，在我們的土地上，在實踐、關係、想法裡。

為了稍作總結，我們不妨在此列出生產的形上學源於多種傳承、而在現代性裡凝聚成形的不同面向。[51]首先，生產的形上學是哲學上對行動獨樹一幟的設想（作者性〔auctorialité〕、形質說、據為己有、貶低收受之物、高估改造的成本）[52]。生產的形上學也是一種人類學上的差異（只有人類進行生產，因此，其他動物及環境都無法產生價值）。此外，生產的形上學也是我們這個獨樹一幟的二元論在自然與非自然（文化、社會、人造）之間，隱藏的操作機關。生產的形上學還是一套「土地之正確使用方式」的理論，主要用來合理化歐洲殖民者對土地的掠奪（既然不事生產的民族無力完成土地的命運，侵占他們的土地就是合情合理的）。最後，生產的形上學是一種與生物環境的特定關係——也就是我們在前面鑽研過的，絕對化「改良」的關係。

造成差異的差異

讓我們帶著這些概念，回到我們的農人上。我們已經看見，一切的農業經營只有依靠生物古遠得無以追溯的動能，採擷這些動能的饋贈，才能完整運作：農業經營並不生產、也無法取代這些動能，而是像從一個提供饋養的環境獲益那樣從中得利，農業經營可以調節這個環境的表達——或是可以摧毀它。

這是談論農業與荒野世界的關係之前，一個重要的前提。系出小農與生態農業傳統的土地工作者往往知之甚詳：對他們的做法與他們的明澈覺知而言，「改良」的二元論是外來之物。我記得一位農民聯盟的牧羊女子從容地超越了生產的形上學來思

51 這些面向中的每一個都有不同的歷史，每段歷史都值得由更好的歷史學家完成；它們並不是不同步，只是錯雜不一，而在生產的形上學裡共同凝聚成形。

52 這個面向很難追蹤，它部分源於猶太—基督一神信仰特有的神創（Création）之創造性行動概念，部分源於柏拉圖《蒂邁歐篇》（*Timée*）的巨匠造物主（démiurge）神話，部分源於亞里斯多德的形質說，還有部分源於笛卡兒和之後的康德的自由概念。

考，說了這樣的一句話：「生產羊毛的不是我，而是光合作用。」[53]

那麼，唯一重要的差異就不在於我們所生產的產品（收成）與我們沒有生產的產品（例如野生森林的木材）之間，畢竟其實，嚴格說來，我們前者與後者都沒有生產。這個重要差異在於以下兩者之間：一方，是危害、榨乾、削弱那些提供饋養的動能，阻止這些動能與野生生物多樣性（即並不具備經濟生產力的生物多樣性）共居的那些開發利用。另一方，是悄然融入、維繫這些動能，與荒野動能共居的這些開發利用。

如果我們從生物動能的角度提出問題，開發馴養的自然與神聖化純潔無染的自然間的對立就變得毫無意義。問題變成：從受到開採利用的環境、到未受開採利用的環境，在各種不同的環境裡，都要促進、厚待生物動能，都要重燃生之爐火，對抗所有削弱生物動能、使其失去生命力的做法。

從此，那些奠基於對抗生物古遠得無以追溯的野生動能的農業或林業開發利用形式的荒謬之處就昭然若揭了：因為，這些動能構成了開發利用賴以存活的一切，慣行農業的基礎卻是對慣行農業本身的基石、對所有讓慣行農業得以運作的力量所展現的毀滅性的不信任。

而透過對比，我們更加明澈瞭解生態農業的特點為何。此後我說「生態農業」，指的就是打算**接受**——這個接受是強力而多重意義的，且非「對抗」或「無視」——那些自發出現於一塊受開發利用的土地、帶著自身要求的生物動能的任何實踐。換句話說，這個實踐並不押注於馴養對抗野生，而是繞過這個分別：構成所有農業生產的動能是遠在人類以前就讓各生態系得以存在的脈動力量。[54]生態農業就是一種在生產的形上學**以外**恬靜從容工作著的農業。

好比說，這種做法在大拉瓦樂農場所捍衛的態度中就明晰無疑。順此一提，這便

---

53 順此一提，如果說在陽臺種植蔬菜、實行樸門農藝（permaculture，亦直譯為永續栽培）的做法大規模普及能帶來什麼樣的形上學與文明效應，那就是這個了：每個人都親身實踐了如此的理之必然：他並沒有生產他的馬鈴薯。人人都能在公寓裡親炙生產的形上學的荒謬。

54 關於生態農業的多元性與共同點，參見綜合整理：堤野希・竇黑（Thierry Doré）、史迭梵・貝龍（Stéphane Bellon），《生態農業的一個個世界》（*Les Mondes de l'agroécologie*），Quae, Versailles, 2019. 關於分別「令其工作」與「接受、適應」的人類技術取徑，參見凱瑟琳・拉黑禾（Catherine Larrère）、哈法葉・拉黑禾，《與自然共同思考與行動》（*Penser et agir avec la nature*），La Découverte, Paris, 2015.

是它最明顯的原創性的意義：因為以前是鳥類學家（ornithologue），在法國鳥類保護聯盟（Ligue pour la protection des oiseaux）服務，致力於保護鳥類，塞巴思契安全力提升他的農場款待荒野天空生命的實踐。在果園裡、羊圈中都能看見無數為山雀與猛禽設置的巢箱（nichoir），還有為蝙蝠打造的住所。除此之外，還有款待全體荒野生命的各種裝置措施：池塘與木料堆，荒置的帶狀地，凡此種種都是吸引大家回來的「食宿」。

這樣的做法反映了什麼？塞巴思契安的思維不是只厚待有益生物（auxiliaire），所謂「功能性」的生物多樣性；我們知道，「功能性」生物多樣性自發為農場服務，好比說，吞吃掉對收成有害的生物。塞巴思契安的思維為大量的物種都騰出位置，而不事先以這些物種對農場裡的這個或那個有用為標準來判斷。最重要的是，必須讓牠們回歸，達到**足夠的密度**。這是塞巴思契安做法的問題核心，如果我們願意仔細觀察他的做法，就會發現什麼才是他關心的：聚焦於山雀的密度，而不只是讓**物種**盡可能廣泛、不論各物種族群數量的山雀回歸，就正是以**動能**的角度提出問題：密度是這些物

種啟動牠們特有生態功能的必要條件。因為，山雀的存在是在族群密度到達了一定水準後，才能在餵養雛鳥時發揮獵食昆蟲幼蟲的一定作用。塞巴思契安的行動並不只是出於鳥類之美有其價值，亦非意在「蒐羅」大量物種，也不是因為對牠們的生存權背負了道德感，而最主要是為了讓一塊受開採利用的土地上那些古遠得無以追溯的生物動能自我重建。讓盡可能多的荒野生命回來，並不是把物種變成為農場勞動的工具，而是盡可能重建生態系動能；塞巴思契安做的科學與小農調查研究讓他知曉，這些動能將自身的韌性、強健、生命力與豐富，給予了整個環境（這正是**在擁有清楚認知的情況下抱持的**信任）。他知曉，這些動能保護著生物編織，因此也保護著生物編織之中的農場。

從經營者自己的說法，我們就可以知道，大拉瓦樂農場的小農生態農業展現出與要求「改良」的不信任迴然有別的，對生物動能的信任。

裁軍競賽

如何精確理解大拉瓦樂農場體現的這個理念：生物的野生動能保護著環境，以及環境中的農業經營？這是信任的核心面向，但乍看之下，卻比肯認——好比說——生物是提供饋養的環境，還來得難以理解。要瞭解它，就必須繞個遠路，進行物種間生態關係的地緣政治分析。

讓我們從某個物種的角度來看事情，牠是為害作物的生物，「害蟲」。讓我們此刻成為某隻來到一個豐富環境的昆蟲。一旦我大量繁殖，我就成為其他生物的資源，為可能以我為食的生物開啟一個生態棲位，我創造了一個機會，某種生命形式可以抓住這個機會進行適應，讓我成為牠豐沛的獵物、或可以寄生的宿主。這就是演化的生態實踐之美。只要現場有足夠的生物多樣性，生態系裡任何的大量繁殖都會導致調節：若要限制大量繁殖的物種帶來的損害，物種、族群與基因組的多樣性在此是環境適應潛力的條件。因此也是韌性的條件。

我們有時在一個生態系裡會看見一種類似「叢林法則」或滅絕戰爭的情形：某個物種無限制大量繁殖。此現象最驚心動魄的例子大概是：一個新來物種對某個生態系進行粗暴的生物侵略（invasion biologique），而因為缺乏長期的共同演化，與該物種占據同一生態棲位的競爭者及其獵物便盡皆遭到摧毀。但這個現象並非生態學的常態，而是例外，因為從本質上看，它無法**長久持續**：一旦時間發揮效果，這個大量繁殖的物種的競爭者、大快朵頤食用該物種的獵食者、得利於該物種密度提升的寄生者就都會演化，從而方方面面限制住這個大量繁殖的物種。我們可以由此推導出，我們在我們周遭生態系觀察到的絕大多數生態關係都屬於已趨穩定的共居，其中，**再也沒有哪個族群**有能力大量繁殖而為其他族群帶來**絕對的**損害：因為，共同演化已經創造並鞏固了一種**各方都接受的模式**（modus vivendi）的條件（防禦、適應、獵食、互利共生……）。生態系的演化不斷讓生命形式多樣化，並讓牠們彼此適應，產生了這個抑制大量繁殖的效果（這就是為什麼達爾文的蘭花沒有覆滿世界）。當然，我們還不知曉創造出如此效果的無數編織，但我們觀察到這樣的效果。

為理解共同演化現象，生物學家使用了「軍備競賽」的隱喻：一個獵物世系會演化出種種適應來對抗獵食者，獵食者則會演化出相應的適應來狩獵牠。[55]這個隱喻在演化生物學的某些具體脈絡中是適切的。然而，除了它給人徒然無益的窮兵黷武想像以外，它在理解共同演化的**生態意義**上，其實更是有問題的，因為它聚焦於抽象地隔離於生態系其餘部分的，兩個物種之間的**單一**關係。事實上，如果我們把一個生態系裡關係的錯綜複雜考慮進來，共同演化就比較像是**裁軍競賽**了。換言之，力量均衡的競賽。這是為了在物種之間**維持**、保護住**政治**的奮鬥。我這邊所說的「政治」，意思是一個關係的空間，它阻止了彼此全都大動干戈的全面戰爭。確實如此，多物種共同演化最終總能防止單一的入侵或破壞性物種「拒絕」政治：其他物種會裝備自己，來讓該物種變得依賴、變得能受約束，強迫該物種同居共處、做出讓步。來將該物種重新擺入唇亡齒寒的賽局裡——這個賽局，就是生態系。這當然不是一個意圖或一項計畫，這是生存賽局的一種創造發明，單純由生物的以下三種生態特性所導致：一個本質多元的世界，其中的這種多樣性裡，每個角色都自發想要生存與開展，但同時依賴著其他許多角色。此處描述的力量均衡在某些方面類似於國際關係現實主義（réalisme）理論描述的國家間力量均衡，但我們這邊的力量均衡在意義上是顛倒的，因為相互依存是這裡討論的生命形式的構成要素，民族國家則截然不同，以排他性的區分來自我定義。此外，領土的邏輯也是顛倒的。在生態系的力量均衡中，一塊塊排他的主權空間之存在是不正常的，不是標準狀態（在一個空間裡，我與一個物種進入競爭性排他關係，就與千千個物種同居共處，所以楚河漢界的國家領土邏輯於此並無意義）。在生物世界中，他者構成了我的生命領土，我們滑入了彼此的生命裡。請想像一塊複雜交錯的共享領土上、一個日常政治共居空間裡的多邊（multilatéral）地緣政治情勢。這種現象雜糅了以下兩者的某些特性：一方面，是現代人涇渭分明的國家間的地緣政治；另一方面，是共居於同一領土的個體間的政治。因此，這不能以政治學的傳統範疇來分析。

55 主要請見海爾特・福爾邁伊（Geert Vermeij），《演化與升級：生命的生態史》（*Evolution and Escalation. An Ecological History of Life*），Princeton University Press, Princeton, 1987.

維持政治的競賽實際上是一種透過編織達成共居的機制，它並不排除衝突，而是把衝突納入一個更廣泛、更曖昧模稜的問題中。這是一種布置安排，它將某力量與其他成員緊緊編織在一起，緊密到這力量再也無法獨斷獨行，以此努力防止此力量無限擴張，危害到其他那些與此力量編織在一起的成員。因此，這是一種引領相互依存者留在生存協商空間、以此阻止相互依存者離開此一空間的機制：它採取的方式既非毀傷牠、亦非恐嚇牠（一如人類地緣政治之所為），而是將牠的命運與其他所有成員的命運，難分難捨地繫連在一起。加強唇亡齒寒的依賴，從而重新編織命運共同體，這是生物發明的無意識策略，為的是要解開那難以解開、總是必須從頭再來的政治方程式：在一個由相異者組成的世界裡共同生活。

這個協商空間，我在他處將之稱為一種動物行為政治（éthopolitique）[56]。它由相互依存的種種生命形式對各方都接受的模式進行拼湊補綴而成。這些生命形式的互動不是決定論的，而是歷史的、變化的、脆弱的、總是重新協商的，某種意義而言是自由的，某種意義而言卻又受到限制。這是一種既非妥協主義（irénisme）[57]、亦不天真缺乏現實感，沒有法人（personne morale）、也沒有條約的地緣政治。因此，在生物中，確保四處蔓延的盲目爭鬥、彼此全都大動干戈的戰爭受到約束的，正是社群生態學（écologie des communautés）裡，單純的共同演化原則：每個生物族群若從其支配其他族群的力量來看，都是**有限**的，而每個族群都非常需要其他許許多多族群的力量。生物的地緣政治確實存在，它隱藏在眾目睽睽之下、社群生態學的一個個大概念後面，這些大概念傾向引入我們完全也可以政治化的現象。

這個對共同演化的新理解將其理解為一種地緣政治力量，這種力量限制住某個物種摧毀其他物種的無限力量，逼迫牠進行談判，從而限縮牠的大量繁殖，同時又維持

56 參見莫席左，〈生物對政治之所為〉（Ce que le vivant fait au politique），in Frédérique Aït-Touati et Emanuele Coccia (dir.), *Le Cri de Gaïa*, La Découverte, Paris，即將出版。

57 譯註：源自希臘語「ειρήνη」（eirene），意思是「和平」。這一概念通常指在宗教、政治或哲學領域中，為了促進和諧與共識，強調妥協及相互理解的態度，追求和平解決分歧，避免激烈對抗與衝突。

住牠的存在。如此的新理解對我們理解農業有好些重大影響。浮現出來的矛盾非常單純，精妙闡釋了當代根絕農業有害生物的迷航：大量使用投入物來根除為害作物的生物簡化了環境，殺害了遠比目標物種還多的物種，從而摧毀了自發的調節機制。如此一來，反而讓為害作物的生物繁殖得更加猖狂氾濫。

相反地，我們愈是接受為害作物的生物**少量**出現、愈是積極讓廣泛的生物多樣性回歸農場，我們就愈激發出裁軍競賽、生物地緣政治維持競賽；藉此，物種們共同演化，限制住某個物種，讓牠不會擁有無限力量去損害其他物種：換言之，限制牠大量繁殖。

松舟蛾（Processionnaire du pin）的幼蟲正摧毀朗德省（Landes）[58]的松樹林。為什麼？因為這些松樹林是簡化了的生態系。舉個例子，山雀是這些毛蟲為數甚少的獵食者之一。但牠們是穴居（cavernicole）鳥類。然而因為松樹的人工種植排除了枯立木與本可提供庇護山雀的洞穴的多元樹種，洞穴就不存在了。人工林不是森林，人工林缺乏因豐富的共同演化而成為可能的平衡機制。

大量繁殖是生物如火的力量，同時也是生物透過彼此吞食、彼此寄生、彼此競爭的生物多樣性來時時限制的動能。農業可以從如此的雙重力量得到啟發。這樣一來，在如此的做法裡，農業或林業的邏輯就改變了：世界各地實踐這種做法的農人並不想**根除**為害作物的生物，而是想限制住牠們的**大量繁殖**。這是一個生態系懂得自發去做的，而生態系並**不**懂得根絕寄生者或獵食者。重大的混淆源於我們忽略了此一微細差別：為害作物的生物的問題，從來都不是牠們**存在**，而是牠們大量繁殖，因為牠們的大量繁殖能夠摧毀收成，從結構上、抑或猝不及防地，削弱一座農場在經濟上的存活力。晚近的農業產量瘋狂競賽導致了殺蟲劑的大規模使用，已經不只是對抗大量繁殖了，更對抗著存在。環境於是遭到簡化，殺蟲劑殺害了光譜廣泛的物種，例如田野鳥類；這些鳥類其中某幾類就限制著殺蟲劑同樣針對的昆蟲大量繁殖。然而，簡化的環境就是為害作物的生物大量繁殖的催化劑。從對抗大量繁殖的戰鬥轉變為對抗存在的鬥爭，獲致了事與願違的效果。

58 譯註：法國本土西南省分，濱大西洋。

又一次，關鍵挑戰在於去信任生物動能：生物動能不假思索就懂得分辨這種微細差別。這是經過檢驗的事實。在大拉瓦樂農場，這意味著如此主動款待最豐富、最不功利的生物多樣性，只因為如此的生物多樣性致力打造集體的、多重物種的宜居性，因此也就為我們打造宜居性。雖說如此，卻不宜天真：這種態度意味著大量縮減殺蟲劑的使用，對農人來說是困難的。放棄致命的撒播這項強大工具頗有引人焦慮之處，這種帶來死亡的施灑給了人準確、立竿見影、成效斐然對抗著大量意外繁殖的控制感。塞巴思契安欣然講述了學著更為容忍損害，哪怕這些損害不會在經濟上削弱農場，仍是多麼困難。這要略為通曉社群生態學才做得到：正因為我們知曉為害作物的生物低調而無所不在是生態系的常態、知曉整體生物多樣性幫忙將害蟲壓制在大量繁殖以下，信任生物動能的態度儘管很難維持，但仍然辦得到。讓環境裡的野生力量協助調節為害作物的生物，能讓我們更加接受牠們形形色色的存在。59

但這也須要消費者改變心態：必須學著接受遭到蛀蝕的蘋果、稍微受損的水果；

同時，這又一次是個經濟問題，意味著要改變通路。確實如此，長通路（circuit long）的需求細則必然包含對蘋果的種種要求：蘋果必須完美無缺，合乎對它們尺寸、模樣的外來標準，一言以蔽之就是美觀標準，而這與蘋果的營養價值毫無關聯。這些標準在更改了自身與野生世界關係的農業中，變得難以承受。環環相扣的連鎖反應後，我們重回如此境地，面臨在經濟上看重標準較為多元、接受較不完美水果的短通路之必要。大拉瓦樂農場踐行的短通路由農產品直銷店實現，亦使這種教育形式成為可能：農人可以親自對顧客解釋為什麼他提供的水果微遭蛀蝕、這一切的背後有什麼更高的

59 我們必須記住一個重點（是塞巴思契安給了我這個觀點）：一切農業都建基於它創造的環境失衡。它繼承了這樣的失衡。在狹仄的土地上高密度聚集了生產大量美味果實的蘋果樹，這就是創造環境失衡，創造一種在自發生態系裡不會發生的情況。這必然吸引獵食者、鼓勵大量繁殖，一如把已被人類變得溫馴的綿羊聚集在平原上會吸引狼。蚜蟲與蛞蝓之所以會攻擊果園，「害蟲」會大舉進犯，都是因為農業讓環境失衡。環境失衡的原因遭到了隱蔽，但這樣的失衡接著就年復一年、一個世紀又一個世紀陰魂不散糾纏農業空間。這不是道德指教，而是意識到了歷史。整個問題於是變成：如何應對如此的失衡？要做的，是透過促進生物動能，來補償、平撫、縮小這種失衡，抑或強硬回擊對付，從而變本加厲、深化了這種失衡，讓做法陷入互相攻擊的循環？

邏輯，為我們需要的文化變革做出貢獻。今日要當個農人，要求是如此地高，他必須同時成為一名教育家，在收銀臺傳授與生物的其他關係……

「有害動物」的曖昧模稜

維持多種潛在有害生物的存在，不只可以限制牠們大量繁殖。「有害動物」（déprédateurs），也就是那些最常是為了進食而損害收成的寄生者，也有其他各種功效，這些效益不僅裨益生態系與農業經營，也造福以水果、蔬菜為食的我們所有人。

就這一點，美國德州農工大學農業生命研究院（Texas A&M AgriLife Research）實驗室研究員最近做了在草莓葉上穿刺小洞的科學實驗，可能為我們與植物世界關係的形上學帶來決定性的進展。[60] 他們的研究目的是斷定有機農業產品是否比慣行農業產品更有益人類健康——一項長久以來不斷激發著研究的爭論。答案是肯定的，但為什麼？第一個直覺很單純：因為減少播灑化學製品，蔬菜水果的化學製品含量就較低，因此我們體內就較少受此污染，連帶的損害也就較輕。這個直覺是正確的，但不是主要原因。之所以沒噴殺蟲劑的植物對我們比較好，首要原因並不是如此一來，我們就不會攝取到殺蟲劑了，而是因著一個更奇異、更深邃的原因，這個原因把我們帶回最遙遠的往昔，一路回到那個植物與我們被遺忘的共同祖先所生活的年代，那個在我們體內仍然存在且活躍的神話時代。

研究者首先觀察到的是，有機農業生產的蔬果含有遠較施用投入物的農業所產蔬果來得豐富的**抗氧化劑**（antioxydant）[61]。這些分子對抗我們體內導致細胞老化的氧

---

60 F. Ibañez, W. Y. Bang, L. Lombardini et L. Cisneros-Zevallos，〈解決「有機水果更健康」爭論：葉片受傷觸發遠程基因表現反應，讓草莓果實進行多酚之生物合成〉（Solving the Controversy of Healthier Organic Fruit : Leaf Wounding Triggers Distant Gene Expression Response of Polyphenol Biosynthesis in Strawberry Fruit〔*Fragaria x ananassa*〕）, *Scientific Reports*, n° 9, 2019, doi.org/10.1038/s41598-019-55033-w.

61 新堡大學（université de Newcastle）二〇一四年的一項研究已經通過統合分析（méta-analyse）證明了，有機蔬果的抗氧化劑——比如酚酸、黃烷酮類、二苯乙烯類化合物、類黃酮、黃酮醇和花青素——濃度較高（高了百分之十八至百分之六十九）：Marcin Baranski等著，〈有機種植作物中更高的抗氧化劑和更低的鎘濃度以及更低的農藥殘留發生率：系統文獻回顧與統合分析〉（Higher Antioxidant and Lower Cadmium Concentrations and Lower Incidence of Pesticide Residues in Organically Grown Crops : A Systematic Literature

化壓力（stress oxydatif）[62]，因此大大促進了整體健康。可是，為什麼這些捍衛**我們**、對抗疾病的分子，在有機水果裡含量較高？因為這些水果必須自己捍衛自己。抵禦誰？正是抵禦那些集約農業所打算根除的對象：那些被集約農業樹立為絕對的有害生物、瘟疫、害蟲的生物。有害動物。研究者在草莓葉上打小洞，證明了「在植物葉片上造成類似有害動物所為的傷，能生產出更健康的水果。……蔬果對壓力的應對觸發了收成前抗氧化劑化合物的增加」[63]，該篇研究作者、園藝研究員路易斯．希思尼若斯—澤法洛斯（Luis Cisneros-Zevallos）如此說明。

如何理解壓力帶來的這項贈禮？草莓株合成抗氧化劑這耐人尋味的現象與植物生命形式的一項奇異之處有關：植物的世系沒有像動物一樣走上移動的冒險旅程。植物於是試驗另外一條可能的路，另一種生命方式（manière d'être vivant）[64]：既然面對侵犯、攻擊而不能動，植物就成為了**自我**煉金術的專家。牠有辦法轉變自己內部的物質：改變細胞彈性來抵抗風，提高葉片的單寧（tannin）含量來讓草食動物中毒，更**以不同的方式表現其基因組**來轉變果實的化學成分。「好幾個與酚類化合物（composés phénoliques）及糖的運輸有關的基因在葉片受到壓力的草莓中過度表現。……因此，總體可溶性糖與酚類抗氧化劑顯著增加。」[65] 法昆多・伊巴涅茲（Facundo Ibañez）解釋道。

這就是一顆我們把玩的草莓。正因為草莓株必須自我捍衛以對抗寄生者的壓力、昆蟲的攻擊，草莓才變得強健有活力，因此可以依循一個幾乎是泛靈論的母題，將其經過磨難考驗獲得的活力賦予其攝食者（一如野牛的心臟賦予原住民獵人牠那由狼與

Review and Meta-Analyses）, *British Journal of Nutrition*, 2014, nº 112.

62 譯註：茲摘錄《長庚醫訊》第四十三卷第九期，孫玉珍，〈氧化壓力〉：「氧化壓力（oxidative stress）是指當自由基與抗氧化物比值間不平衡的狀態，尤其是自由基過剩的情況下，抗氧化物被過度耗損的失衡狀態。體內氧化壓力的變化可以偵測抗氧化物的含量及活性、自由基攻擊細胞內大分子後的產物及產生自由基的酵素含量來獲得。當體內氧化壓力上升時，可藉由補充維他命及抗氧化物的飲食、適量的運動、改變不良的生活型態，清除體內對健康不利的因素，以達成降低氧化壓力及預防疾病的目的。」詳參：https://www.cgmh.org.tw/cgmn/category.asp?id_seq=1501018。

63 F. Ibañez等著，同前引文。

64 譯註：manière d'être vivant既為莫席左《生之奧義》之原文書名、亦為該書中反覆出現的概念，考量到直譯為「活著的方式」或譯為「生活方式」皆稍欠兼容雅致，茲譯為「生命方式」。又，本書與《生之奧義》有許多概念連通貫串，讀者若願深入探討，不妨另外閱讀《生之奧義》。

65 同前註。

冬天錘鍊出的傳奇勇武）。

一顆草莓對我們而言的豐富營養源於植物的這項奇蹟：牠自身的血肉進行著強身健體的煉金術，以此回應牠和外界的交會。牠自身的防禦創造了捍衛我們的防衛。親戚嘛，這是一定要的。翩然回到了植物與我們的共同祖先。

順此一提，看到前面的引文中，生物學家連在發現此一現象的時候，都還是繼續用「有害動物」這個詞來描述不是別的、正是那些以行動為我們增加果實養生益處的生物體，就令人坐立難安了。這些生物體一方面能摧毀收成，另一方面又能讓收成活力煥發：或許是時候設想一些詞來公正以待牠們對作物的**曖昧模稜**了。我們在生態學裡稱之為「雙面共生」(amphibiose)：這個詞描述的是相互依存的物種間的某種互動，這樣的互動在某些方面、某些**情況**裡是有益的，在另外的方面、情況中是有害的。[66]這就是為什麼，就像我們前面看到的，必須區分存在與大量繁殖，因為存在與大量繁殖正是決定寄生生物帶來有益抑或有害效果的區別所在。事實上，雙面共生是生態系的大生命祕而不宣之名：因為，如果我們改變時間、空間與物種尺度，所有的關係都是雙面共生。好比說，在生態學裡所謂的「永續互動」(interaction durable）範疇裡，獵食與寄生在某些方面**對獵物與宿主有利**，寄生蟲學家克勞德・孔博（Claude Combes）精妙展示了這一點。[67]各方航行其中的曖昧模稜是一切生命互動的共同基礎，這就是為什麼我們與其他生物的關係從根本上召喚的從來就不是戰爭、也非幻想出來的和平，而是隨時制宜的顧念敬重。[68]這個曖昧模稜的世界要求我們做的，正是一種總是不斷重新協商、重新周延考量的，跨物種的外交。

66 關於這點，參見夏洛特・布依芙絲（Charlotte Brives）的文章：〈雙面共生的政治：對抗病毒的戰爭不會發生〉(Politiques de l'amphibiose : la guerre contre les virus n'aura pas lieu），*Le Média*，二〇二〇年三月三十一日，可於網上查閱：www. lemediatv.fr/articles/2020/politiques-de-lamphibiose-la-guerre-contre-les-virus-naura-pas-lieu-ACcrS8oIQsOuLQmmvfx2aQ。

67 參見孔博等著，《寄生：永續互動的生態與演化》(*Parasitisme. Écologie et évolution des interactions durables*），Dunod, Paris, 2018.

68 關於這一點，參見莫席左，〈隨時制宜的顧念敬重〉(Les égards ajustés），《生之奧義》結語，Actes Sud, Arles, 2020.

一樁自我實現的預言

所以，農業中，收成之所以有營養價值，一部分正須歸功於那些「有害生物」——這完全翻轉了範式。但當然，這些有益健康的有害生物被維持在危害農作物的大量繁殖水準以下。如此一來，建基於大規模使用化學殺蟲劑的開採主義農業追求根絕為害作物的生物，就成了連以它自己的公開目標——餵養人類——的角度來看，都悖謬違常的現象：[69]這種農業甚至連收成本身在質的方面餵養我們的能力都危害到了。沒有這些為害作物的生物，蔬果的營養、味道、可傳遞的力量就都低落不堪。

信任與不信任並非抽象感受：它們是此處，我們為深刻影響世界的基本實踐態度所命的名。不信任帶來了具體效果：拆毀生物動能，一如我們此處在開採主義農業對「有害生物」大量繁殖的管理中所看見的。這種農業帶著它積極的「改良」意識形態，簡化了豐富多元的生態系，不懈不休地讓農業系統變得貧瘠。這麼做，它就摧毀了它的世界，並引發了環境對它本身的襲擊：就是因為這種農業如此清洗、掏空環境，「自然」才以大量繁殖摧毀收成的形式失控攻擊農作。這種農業本身的態度所導致的如此負面反作用又確認了它那套不信任的哲學。這就開啟了不信任的惡性循環，導致植物保護劑愈用愈多，生物群集也就愈來愈簡化（因為殺蟲劑全都是非特定的，實際殺害的物種總是比打算殺害的多）。不信任是一樁自我實現的預言。

支持並挹注這種與生物關係模式的經濟基礎建設當然是決定性的：在這個人稱歐洲的地球一隅，讓這些開採主義農業的做法得以恆存的機器被稱為「共同農業政策」（Politique agricole commune, PAC）。這項機制每年配發六百億歐元，在農業脈絡裡引領對生物關係的國際補貼機制中，「共同農業政策」規模最為龐大。法國跨組織平臺「邁向共同農業新政」（Pour une autre PAC）[70]提出了一項針對「錯謬邪惡的補貼」

69 這不是要鼓吹徹底停止使用投入物：投入物在以最小比例明智使用時，偶爾也是必要的。一切取決於脈絡，還有對現場動能的隨時制宜的顧念敬重。

70 參見pouruneautrepac.eu/。

（subventions perverses）的精彩批判分析；「錯謬邪惡的補貼」在經濟上鼓勵機械化、工業化的單一作物集約式大型農場。共同農業政策主宰性的機制公然優待的農業形式，落在我們這邊稱為開採主義農業的這個類別裡：那些並不永續的形式。「邁向共同農業新政」跨組織平臺提出了明確的改革方案與未來奮鬥的綱領，旨在深刻變革這個體制。問題的關鍵一言以蔽之就是：今天要「改變世界」，就必須改變共同農業政策。我們有了新的概念羅盤能夠辨識開採主義農業與其他農業的界線，要是不走一遭這條標的範圍明確具體的政治之路，就什麼都重燃不了。

與這種農業模式及其「世界」相對的，是建基於信任生物動能上的實踐。好比說，選擇多元農作（polyculture）[71]，巧妙招徠野生獵食者來壓制「有害動物」，最低限且考量整體地使用投入物。這種與生物的關係也對生態系產生具體效果，生態系會採取不同的方式回應：環境自己會啟動裁軍競賽，啟動多重物種共居地緣政治，這樣的地緣政治產生出各方都接受的模式、減少大量繁殖，同時又維持住包含各種有害生物的廣大生物多樣性，而又把這些有害生物的比例維持在比較低、讓農場比較喘得過氣的水準。信任，此處亦同，不是撒手不管、順其自然、其樂無窮的耽溺。信任，是深刻認識種種相互依存，倚賴種種相互依存，抱持隨時制宜的顧念敬重，彎折種種相互依存，調節生物動能。信任的要求相當高，生態智識要到位，實踐起來要細膩，設計構想要合宜，要懂得包容，還要有訓練有素的勞動力；這不是簡單的解方，而是最難的路，卻是唯一永續的路。

因此，為了讓承繼開採主義農業的農場得以從現在開始大規模轉型為這些形式的生態農業，當今的一大關鍵挑戰，在於要為這些生態農業形式創造發明出經濟、政治（田野土地的分配，以及對抗新的大莊園主）、教育（改變世界要靠怎樣的農業高中？）的具體裝置措施。

71 譯註：亦稱「混養」，為在同一土地種植多種作物的農業實踐。

外交的生態農業

最後還有另一道線索，讓我們懂得在田野現場與各個農業委員會裡，分辨奠基於隱身起來的生產形上學的開採主義農業實踐（開採主義農業樂於深藏身與名），以及我們在此勾勒的生態農業實踐：主導該實踐的認識論體系為何？該實踐偏好動用什麼樣的知識類型來構思、影響農業生態系？當我們檢視五花八門各種農法——大拉瓦樂農場、德龍生態農業網（réseau Agribiodrôme）[72]、法國國家農業研究院（INRA）構特泓研究站的「Z計畫」[73]，還有農藝學裡各種傳統模式——的背後，各自奉什麼樣的農藝文獻為圭臬，線索就水落石出了。

確實如此，開採主義農業大規模優先動用的，是所有能夠動用的知識裡，極為特定的一類：這些知識都源於某種農藝學，共同點在於：分門別類的時候，都以物質和能量的數量為核心，繞著成本／利潤的計算打轉，從追求報酬率的生產主義式提問出發。[74]這一類農藝學家首先想的是可量化的土地面積、投入物的量及成本、生物量的生產力、最終的報酬率：在他們的設想中，農業系統是一個物質與能量數量不一、循環流轉的系統，這些數量能夠自動轉換為貨幣價值。這種思考方式在某些脈絡裡有其優勢；我們在此批評的，是它**自行其是**，而且有壟斷的傾向。要指認自認為有在生產的開採主義農業，壟斷是一個線索。

這並不是說，與之相對的生態農業漫不在乎報酬率，跟作物的關係就只有愛。若真如此，那就只是浪漫而幼稚、說到底根本無法成立的對抗罷了。生態農業動用的知識裡，當然也有考慮可量化的報酬率，但不再是**圭臬**：這些農學家的取徑中浮現了另一套論述、思想與科學的體系。看個例子。聽國家農業研究院學者在田野現場談他們

72 一九八七年成立於法國德龍省的有機農業協會，秉持在地、永續、公平貿易的理念，致力推動有機農業。

73 枸特泓研究站占地八十六公頃，由多個機關共同使用。法國國家農業研究院於此建立的站點致力於果樹生態農業系統的實驗與研究。Z計畫實驗的是一個無農藥、極低投入的水果農業生態系。

74 例如，可以參見克里斯多夫・彭內友（Christophe Bonneuil）、吉樂・德尼（Gilles Denis）著，尚－路克・馬攸（Jean-Luc Mayaud）編，《科學、研究人員與農業：農藝研究史》（*Pour une histoire de la recherche agronomique*）。L'Harmattan, Paris, 2008.

的「零計畫」(projet Zéro)，前述的現象就昭然若揭了。該計畫是一項概念驗證（preuve de concept）[75]，他們大膽想像了一個多元農作果園，原則簡簡單單：零植物保護劑。本計畫是法國作物減藥計畫（initiative Écophyto）的一環，才剛開始而已，但要設想如此的實驗果園，須要動員的知識體系與國家農業研究院傳統上較偏生產主義的認識論傳承相比，真令人心蕩神馳。

Z計畫旨在於果園中實驗一整套有系統的替代性農法。這裡必須記住，果樹栽培是由多年生作物構成的，所以無法指望以輪作[76]限制為害作物的生物，這就自然而然導致大規模使用殺蟲劑，才能把病蟲害的水準壓得還算低。果樹品種的選擇因此就舉足輕重了：某些品種對害蟲比其他品種易受影響得多，某些品種則限制害蟲擴張。

這意味著，構思這座以蘋果樹為主、旨在棄用一切植物保護劑的果園時，必須費盡心思。第一個挑戰是必須讓作物多元多樣，使單一作物促進害蟲大量繁殖的情形不會發生。循此理路，Z計畫的實驗果園占地1.6公頃，設計成多重同心圓形，分為「生產地帶」與「生產支援地帶」[77]。於此，「生產」這個想像在論述中仍無所不在，但在這套系統引為圭臬的知識體系中，這個想像已逐漸消隱，之後就會看到。關鍵在於把果園設想為一個多重物種的世界，以三個層次限制住有害動物大量繁殖的風險：牠們不該太容易就進來（我們會看到，這就是外圍樹木屏障的作用）；牠們不該大量定居（這便是栽培不同品種的作用）；牠們不應過度繁殖（例如，這就是蘋果樹搭配其他果樹的目的，可以帶來生態流行病學〔écoépidémiologie〕所謂的「稀釋效應」〔effet dilution〕[78]）。

---

75 譯註：開發過程裡，為驗證某個概念或理論是否實用或可行，所採取的行動。主要用於評估新想法、技術、方法能否在實際應用中實現預期目標。本概念常見於科學研究、工程技術、產品開發和創業領域。

76 輪作是在一片耕地上，有順序地依季節、年度輪流替換不同作物的栽培制度，其目的在養生調息土壤地力或防治病蟲害的發生。出處：https://kmweb.moa.gov.tw/theme_data.php?theme=pedia&sub_theme=km&id=461。

77 譯註：讀者不妨參考法國國家農業研究院介紹Z計畫的網頁，單看果園迷人的相片就能感受到生態之美。網址：https://www.inrae.fr/actualites/verger-gotheron-quand-biodiversite-tourne-rond。

78 譯註：關於稀釋效應，謹摘引陳貞志，〈保育醫學：避免新興傳染病爆發的不二法門〉段落：「生物多樣性是在生態系中抑制疾病大規模爆發的主要機制，這種受到生物多樣性調控疾病發生的現象，稱為『生物多樣性的稀釋效應』。其經由生態系中野生動物物種間廣泛存在的食物鏈及競爭關係，來影響保毒宿主因此，果園外圍，環狀樹籬圈出了一道屏障，一座防風牆，更提供「食宿」來厚待有益生物。這是用Z計畫其中一位設計師席爾梵·西蒙（Sylvaine Simon）的話來說的。這些樹籬的樹有些也結能收穫的果（栗樹、杏樹、榛果樹），牠們一年到頭接力開花，選用的也是已與本土昆蟲共同演化的在地品種。

讓我們以一種有害動物——車前草蚜為例，從這個設計本身的視角來經驗這個設計，並領會它動用了哪種類型的知識。車前草蚜是蘋果的一大寄生蟲，生命史獨樹一幟，在環境共同的時空中擁有特殊的週期。秋天時，車前草蚜以被動飛行來到果園，但環狀樹籬的設計就是要創造出**旋風**，讓車前草蚜落在果園**最外**一圈的蘋果樹，這正是為何這圈蘋果樹選用了一個特別品種。以「生產」為標準，這品種並不理想，但在我們操心的事上，這種蘋果樹擁有絕妙的特質：車前草蚜會在樹皮的裂縫中產卵，但當卵在春天孵化，卻**無法**在這個品種上發育。這個品種——Florina，抑制了車前草蚜發育，原因至今成謎。這最外一圈的蘋果樹因此是條死路，阻擋車前草蚜由外往內進犯一圈圈果樹，亦即阻擋了車前草蚜大量繁殖。這些內部層層疊疊的同心圓是由各種不同的果樹、品種各有不同的蘋果樹所組成，另亦穿插種植著草本植物與灌木，這些草木不事「生產」，品類卻豐繁到令人目眩神迷，為有害動物提供了替代的食物，[79]還綻放著花朵招待有益的生物。同心圓的圓心，是一個小小荒野生態系，結合了供蛇棲息的石堆、吸引兩棲類的水塘、讓哺乳類有落腳處的木料堆。這個生態系有圍欄保護，讓動物的安寧永不受經過的人類攪擾：從某種意義上來看，這個生態系留給了自由演變。

Ｚ計畫絕非「只要種下樹木然後等水果掉下來就好了」的田園詩圖景，亦遠離「一排排同質蘋果樹靠著投入物猛暴生產，唯一的考量角度是牠們可以結出多少生物量的水果」的生產主義式圖景。

的族群密度、活動範圍、染病個體密度、未染病個體密度及染病後的復原速度，進一步調節病原的發生。」出處：https://www.agriharvest.tw/archives/37208。

79 譯註：茲引黃文達，〈雜草管理之昆蟲調控〉選段：「在英國蘋果園中蚜蟲（Dysaphis plantaginea）為主要害蟲，若種植車前草（Plantago spp.）可以當蚜蟲之取代食物，大部分夏季中蚜蟲均以車前草為食物，直到夏季末才回到蘋果樹上。」此處之蚜蟲即車前草蚜。出處：http://wssroc.agron.ntu.edu.tw/note/%E9%9B%9C%E8%8D%89%E7%AE%A1%E7%90%86%E4%B9%8B%E6%98%86%E8%9F%B2%E5%AE%B3%E9%98%B2%E6%B2%BB.pdf。

這就是兩種取徑之間，不引注目卻關鍵無比的區別：古典農藝知識的主流是機械的、物理化學的、量化的，遵循的是某位李比希（Liebig）[80]的傳統。它自然而然重視支配著可以抽換的環境的那些抽象定律。[81]此處勾勒的生態農業認識並未澈底繞開這些取徑，但發展出了對**另一種**知識類型的極致關注。它首要的給養，是**多重物種的動物行為學**這樣一門學問的知識，它調查研究**大家各自的行為是什麼**。想打造Z計畫這種安排，就要知曉樹如何與風交涉來製造旋風，從內部探聽蚜蟲的生涯規畫，瞭解每棵樹怎麼應對侵犯。如果我們打算牽成一種不以植物保護劑根除害蟲的、各方都接受的模式，就必須從內部瞭解每種生命形式的生活方式。

農藝研究員米榭爾・頡（Michel Jay）在這樣的農學知識上淵博淹通。[82]這些知識的獨到之處，在於它們倚靠的取徑結合了傳統上聚焦於**同種**個體間關係的動物行為學，以及研究不同物種間關係的社群生態學——而通常，這兩門科學在科學研究計畫中是判然二分的。我們聽米榭爾講述，不禁會被他在農業系統中所見所描述的世界與那種充滿肥料傾注、種子噸數與數學模型的最量化的農藝學想像所建構的世界之間的差異所震撼。好比說，他說明，蝙蝠從演化中獲得了在靜止狀態中根據環境溫度變化調節自身溫度的能力。這正意味著，蝙蝠的理想落腳處會隨溫度變化而變化，所以必須在農場放置多個落腳處來接納大量蝙蝠，任憑牠們啟動牠們的動能。

然而，這兩門科學的雜交還因為對這些生命形式抱有某種特殊的哲學態度而更加豐富：這樣的態度屬於臥遊的旅人，他有能力解讀那些與我們共居、明明是親戚的異族之習俗。如此的生態農業因此是**外交**的，因為它在實踐中轉變了對其他生命形式本體論的認識：牠們是一支支民族，牠們的風俗洋溢著異域風光，如此奇特。我們必須瞭解牠們如何使用世界，牠們的需求，牠們最精確的習慣。例如，這樣的態度在米榭爾的取徑中

---

80 譯註：此處指德國化學家尤斯圖斯・馮・李比希（Justus von Liebig, 1803-1873）。他在化學及農業科學領域貢獻卓著，獲譽為「農業化學之父」。

81 參見歐黑利昂・加百列・科恩（Aurélien Gabriel Cohen），〈從農藝定律到生態農業調查：淺談農業系統變異的認識論〉(Des lois agronomiques à l'enquête agroécologique. Esquisse d'une épistémologie de la variation dans les agrosystèmes），*Tracés*, n° 33, 2017.

82 米榭爾是跨行業蔬果技術中心（CTIFL）的前研究員。

清晰可見。他所做的，是探問這類問題：藍山雀如何捕食昆蟲，偏愛哪些昆蟲，喜歡什麼又討厭什麼，害怕什麼又好奇什麼，每天在巢穴和獵物間往返幾次？這是種別具一格的態度：它要我們學著從現場多種生命形式的觀點去看事情，以協商出一個個各方都接受的模式。我們因而不妨將如此的農藝知識體系稱為農業動物行為學（agroéthologie）。

因此，在開採主義農業與這些生態農業之間，主導知識的性質發生了變化：簡而言之，前者的核心範式是簡化了物理化學系統的機械主義農藝學。[83]後者的首選取徑則是外交的農業動物行為學，關注生命形式之間曖昧模稜關係的複雜地緣政治。

這種區分還涵納了一個更重大的細微差異：「把生物客體化的知識」對上了「外交的知識」。在外交的知識中，其他生物走出了昔日的「自然」[84]。追蹤這兩種知識和態度在農場中的比例，可以更細緻地理解這座農場在彼此複雜交織的農法連續體中屬於哪個家族（因為當然，前述這兩種都是理想型〔idéal-type〕[85]，而每座農場都以不同比例揉合了這一連續體上不同位置的實踐）。

但差別還更深遠：我們已經看到，開採主義的農業，其量化取徑的意義在於將生物量一滴不剩轉化為經濟量。是去尋求一個以成本和收益為度量的共同規律，把蘋果的數量、野生生物多樣性提供的生態系服務、勞動時間、每公斤肥料的成本放進方程式計算。與之相對，外交的生態農業和環境／金錢的等價連結有著不同的關係：外交的生態農業接受，量化報酬率、確定農場在經濟面行不行得通還是必要的，但現場的生物過程並不能完全轉譯為經濟術語。耕作的收穫、農人的勞動、環境的作為，三者之間生來就無法擺在一起衡量。農場必須在經濟面行得通，這無庸置疑，然而除此之

83 譯註：一種以機械論為基礎的農藝學，將農業視為可控制、可預測的機械過程組成的一個系統，著重以精確控制和技術手段來提高報酬率。

84 參見莫席左，〈未流亡而有如此鄉愁：惡時代將臨的情感〉(Ce mal du pays sans exil. Les affects du mauvais temps qui vient), *Critique*, n° 860-861, 2019, p. 166-181.

85 譯註：亦譯「理想類型」，是社會科學的概念，由馬克斯・韋伯（Max Weber）提出，乃是透過歸納、提取共同點，建構出的一種抽象的、純粹化的理論模型。

外，設置鳥巢箱、在農場內啟動生態動能、實驗各種形式款待荒野生命、享受土地煥發活力的具體效果，這些，經濟方程式都**算不到**：單純就只是居住、呵護那呵護我們的環境。要追蹤前述兩種知識與態度，這是另一個關鍵線索。

當我們漫步在Z計畫那不含神祕主義的曼荼羅[86]中，我們驚異不置的，是每平方公尺的智慧密度：研究員的智慧與現場一眾生命種種如此不同、卻又活躍積極的智慧，編織在一起。

當然，在這裡，外交家某種意義上也是園丁，但園丁有兩種。第一種從自己的角度出發來施行整治，沒有花時間仔細觀察現場的種種力量，從而將環境簡化為他那只見自身、不見眾生的內在之投影。溫德爾・貝瑞（Wendell Berry）以絕妙的言辭總結了這一點：美國殖民者無疑帶了一種看法來到新大陸耕作土地，但缺乏的是**看見**。

而另一種耕作方式是存在的：主導這些另類農法的調查研究類型，我們在科學家與農人的身上都能找到，也在這些人之間流轉分享；[87]如此的調查研究，正是從相互依存關係的角度出發，觀察生態系。這麼做的目的既明晰具體、又獨樹一幟：讓新理念、新實踐從生命發明創造的力量裡尋得泉源。讓視角多元多樣，以之塑造願景。

這些生態農業計畫的意義，在於讓農業服務生物多樣性，也讓生物多樣性服務農業。這種迴環往復的說法別出心裁，超越了將功利主義取徑與傳統的自然保留區對立起來的二元論，前者讓荒野的有益生物為耕作服務，後者則為了荒野好，放棄一切耕作。

關鍵在於去牽成種種自然的調節，依賴「自然」來防止為害作物的生物種群大量繁殖，保持土壤肥力，同時又把「生產」維持住。我們在此也認出了一種信任生物動能的態度：盡量不取代。換言之，如非必要，拒絕干預現場已有的功能。好比說，拒絕在樹幹塗抹黏土，任憑有益生物從事自身任務。

86 譯註：曼荼羅（Mandala），亦譯曼陀羅，是一個源於印度教和佛教的概念，代表圓形的圖案和結構，用於象徵宇宙、完整性、和諧以及精神性。這個詞語來自梵語「मण्डल」（Maṇḍala），意思是「圓形」或「圓環」。Z計畫的農場正是一圈圈的同心圓，卻沒有宗教、只有生態，故曰「不含神祕主義」。

87 這方面尤為典範的是德龍生態農業網。該協會旨在透過與研究人員進行這類對話，促進農人的發明創造力。

因此，如此的行動啟動了環境的功能，而不是取代這些功能，重建動態而不是截斷這些動態，讓彼此的關係得以表達而不是關閉它們。

自然調節能產生值得一觀的報酬率嗎？這就是Z計畫問的問題：我們看見了，Z計畫保留了一些承繼自法國國家農業研究院生產主義傳統的特色，讓它曖昧模稜，但也讓它有力量說服農業界。Z計畫提出的，正是這個迷人的混種提問，雜織了現代的——因此也是古老的——生產主義，以及外交的生態農業。這項實驗計畫於二〇一八年二月栽下，還沒結出第一批果實。答案幾年後才會揭曉。[88]

回到共同的敵人

讓我們稍微拉高視角，攀升至哲學通論的層次，並自彼處直擊這些問題的政治利害關係。

自哲學角度將開採主義農業重新詮釋為「奠基於貶低生命動能的不信任」，讓我們透過對比，從此得以領會致力於「餵養人類和治癒地球」的種種生態農業（樸門農藝是其中的一種晚近形式）[89]的哲學身分。從前面的研究調查中，我們可以推導出我們談過的這些多元的生態農業，它們的共同點：都從根本上倚賴著對生命動能的積極信任。

因此，我們也理解了為什麼開採利用與神聖化的對立是一種形上學遺緒，它在土地使用方式上分友劃敵的時候產生了流毒甚深的政治效應。假設此二元論為真，外交的生態農業與開採主義農業就應當屬於同一陣營——意在生產糧食的開採利用陣營，

---

88 譯註：二〇二四年二月七日的農業報導指出，Z計畫的第一批成果已經浮現。害蟲防治方面成效斐然：百分之三十以上的蘋果害蟲——蘋果蠹蛾的幼蟲遭到寄生，百分之八十以上的車前草蚜遭到獵食。唯報酬率目前仍相當低：每顆樹的產量，蘋果是十六公斤，杏桃十七公斤，桃子十公斤，李子六公斤。西蒙表示，要做的是考量投注時間與販售價格，比較每顆樹的報酬率；由此，無花果橫空出世，其高報酬彌補了蘋果較低的報酬。他也提到，必須設想一種讓不同物種相輔相成的取徑。出處：https://www.tema-agriculture-terroirs.fr/mediafel/transition-agricole/les-premiers-resultats-du-verger-circulaire-de-gotheron-888923.php。

89 這方面請參見馬克・樺富米耶（Marc Dufumier）、奧利維耶・勒內何（Olivier Le Naire），《生態農業可以拯救我們》（*L'agroécologie peut nous sauver*），Actes Sud, Arles, 2019.

來對抗一切形式的神聖化。但如果生態農業的本質是信任生命動能、對抗「改良」的意識形態，將它歸入開採主義農業的陣營就顯得荒謬了。

最後，如果，尤其是如果，如此的信任**也**是自由演變火源與荒野自然捍衛者的戰鬥與信念，那麼，我們之前為了區分敵友而劃的界線，如今看來很清楚**是錯的**。

如果理解生態農業與自由演變時，我們挑錯了標準，它們兩個就是會對立的。如果我們選標準時更靈巧敏銳一點，它們兩個就成了環境裡帶來甦生的同一條鏈上的兩環。不可混淆開採利用和不永續的開採利用，自由演變和神聖化。「不可混淆」是哲學的關鍵句暨其偉大藝術：防止我們繪製壞地圖，這些地圖由錯誤的邊界提綱挈領，帶我們墮入深淵，直奔最糟糕的方向。多增添幾張隨挑戰制宜的地圖讓我們得以開闢行動之路。

「信任／貶低」因此構成了新的政治疆界。它從此隔開了開採主義農業，它與所有不永續的土地使用方式結盟在對面那一邊，這一邊的陣營則是生態農業及其盟友：強力保護自然、自由演變、甚至還有非二元論意義的再荒野化，這個聯盟包含了所有使環境甦生的永續土地使用方式。

藉信任／不信任這具操作裝置之助，楚河漢界以另一種方式浮現了，我們於是必須繼續深入探討信任如何**實際**體現。信任不是一廂情願，也不是態度曖昧。信任不是白白送給工業化農業相關產業的意向聲明，只要把「信任」印上廣告海報，管他什麼農法都可以漂綠（greenwasher）[90]。信任和貶低，兩種態度理所當然導致了兩種相互逆反的**行動風格**，可以在田野現場透過幾項具體標準分辨開來。雙腳踩在泥中的我們，如何辨明信任？信任表現為一種明晰具體的行動風格：盡量不取代，啟動生態動能，牽成現場各種功能，讓環境自我甦生。

然而，我們說：**禁止**一切整治與開採利用的自由演變是信任；又說：反過來緊鑼密鼓從事這類行動的生態農業也是信任——這樣我們如何能斷言，信任意味著一致的

90 譯註：指企業宣稱其產品或服務是環保的，以此誤導消費者的行為。這些宣稱可能是誇大不實、甚至完全虛假。

行動風格？此處也許似是一樁悖論。如果我們看見了自由演變與生態農業之間浮現了悖逆傳統二元分類的結盟，這乃是一個哲學症頭，因為開採利用與神聖化並非**唯一**一樁空穴來風的二元對立。現在開始，這個匪夷所思的結盟要求我們做的，是解構「行動與放任」、「天然與人工」、「改造馴養的自然與欣賞荒野的自然」之間的二元對立。信任的概念是一具羅盤，讓我們得以漸次重新組織我們的二元概念地圖。

保育生物學中的行動問題

既然信任意味著一種行動風格，我們就不能將保育生物學理解為澈底拒絕一切行動。要掌握這個關鍵，就必須簡要回顧自然保護者社群中的辯論。這個圈子裡，二元論的遺緒清晰可見，表現在備受看重的「欣賞」與被理所當然認為天生帶來破壞的「行動」之間隱伏的對立。保育人士命名自身行動時感到不知所措，這樁對立正是元凶。舉個例子，這二元對立的幽靈激起了鳥類繫放（baguage）[91]之辯（我們繫放鳥當然是為了保護鳥，但繫放本身難道不已是對牠們的野生本質施暴，有時甚至危害到牠們的繁殖率？）；或者更廣泛的，對野生動物群落的監測之辯（設置相機陷阱[92]是為了更加透澈瞭解動物群落，但是否也是一種渴望全面知曉、全面控制的症頭？）。

讓這種「行動」與「神聖化」的對立那燙手山芋的性質浮現出來的弔詭，乃是自然保育不得不持續**行動**來神聖化環境：整治棲息地、清除污染、再引入，以拯救瀕危物種。但這些確實都是行動啊。要怎麼從如此的亂七八糟之中脫身而出？問題乃是在於，這種切入方式唯獨關注人類的態度（是否應該行動？），而關鍵卻是要捍衛異者：捍衛環境或某一物種的健康。專注於人類態度（「改造」或「欣賞」）並未正確定位問題：我們必須聚焦於生物動能。聚焦於對環境展現隨時制宜的顧念敬重，以之，

---

91 譯註：一種生物學和生態學研究技術，乃捕捉野鳥後記錄數據並為鳥繫上腳環、頸環、翅環、翅旗等標誌後野放，以收集鳥類行為、遷徙模式、壽命、繁殖和棲息地選擇等資料。

92 一種野生動物研究與保育使用的自動化攝影裝置。通常設於野外，並配有運動感應器或紅外線感應器，當有動物經過時會自動拍攝照片或錄製影片。相機陷阱不干擾動物自然行為，又能蒐集野生動物活動資料及影像。

好比說，恢復環境的種種功能。有時這代表手不要碰，有時則須介入以復甦這些功能。問題不在捍衛純天然（我們已經走出了「荒野」〔wilderness〕貴古賤今的二元對立動能），也不在於人類行動是不自然的，因而與荒野對立，所以不准做（人類也是生物，躋身萬千生物中）：行動或不行動，都以放任環境展現動能與演化潛力的志向為圭臬。

此處的關鍵，是不要再以厭人類（misanthrope）[93]態度，妖魔化「向環境施加行動」；同時，也擺脫與之對稱的「神聖化環境」。一切都歸結於對環境生態、環境的生物傳承、人類的介入之具體、精微、周詳的分析。專業保育人士必須航行的水域，正是這片遠離任何抽象管理原則的渾水，他們的職業之所以如此困難，此乃箇中原因。[94]

保育生物學中，什麼樣的行動，讓生物動能得以重新綻放？拆除無用的水壩，讓荒野河流的種種功能可以自己恢復；保護某地免於開採和利用；在有機農場設置鳥巢箱來**任**憑山雀**回歸**。透過這些例子，我們看到這類行動的獨特之處：它們要求能夠消拭自身的必要性，使它們本身不必維持、維護或重複施行。它們致力於消滅自己。因為它們的使命是啟動並讓超越我們的生態動能回歸。這就是為什麼保育在田野現場非常積極，卻似乎總是看重欣賞自然、排斥開採利用：欣賞，是我們在進行了最低限度的行動，使環境不再需要我們之後所能做的。這樣的情景能成真，有賴保育生物學所謂的「臨門一小腳」(coups de pouce)：一種不需以長期積極整治來維持的單點行動，讓物種、關係、功能得以自發回歸（例如，再引入有能力自我繁衍的原生物種）。它同時也是減法管理（gestion soustractive）：減少重複的人為逼迫（拆除無用的水壩為其最有力的例子）。這類顧念生物自發動態的行動，特色在於它不要**替牠們做**，而是為牠們創造空間，然後任牠們自由綻放。自由演變看似什麼也不做，因此反倒弔詭地

93 譯註：厭人類指不信任或厭惡人類，對人類及其行為抱持強烈負面態度。

94 這方面請閱讀馥荷狄·黑（Freddy Rey）、符黑德希克·枸瑟林（Frédéric Gosselin）著，安湍·兜海（Antoine Doré）編的耐人尋味之書，《生態工程：透過及／或為了生物的行動》（*Ingénierie écologique. Action par et/ou pour le vivant*）, Quae, Versailles, 2014.

躋身這類行動中。[95]

邁向同盟

我們既然已經離開了自然保育領域中行動與不行動的對立，就能由此推導，在另一層次、在環境保護與農業的關係之中，這意味著什麼。道理很簡單：自由演變、拆除水壩（以前的「保護自然」）和生態農業之間，有著深刻的繫連。這些實踐當然不同，因為它們的目的分歧：這廂是保護環境，那廂是生產可食用的生物量來餵養人類。然而，不應等同它們，更不應對立它們：應該將它們思考為同一種與生物的關係裡相輔相成的兩個面向。自由演變和友善荒野生命的生態農業之所以結成同盟，在於它們行動**風格**一致，我們已經看見，這種風格建立在信任之上。如此的行動引燃並安排生物動能，任其自由表達，而不去對抗、取代（好啦，盡量少做）。自由演變展現了同樣的行動風格，但自由演變是讓環境擺脫任何形式的開採利用：然而，**精神**是一以貫之的。

這具羅盤值得一觀之處，在於它也讓生產活動領域中，永續與不永續的兩類開採利用涇渭分明：這條界線從兩種人類行動的風格之間劃開，一邊是啟動、延續、尊重生物動能，另一邊則是對抗、毀傷、取代生物動能。

以面對生物動能所展現的行動風格來勾勒問題，於是讓我們得以在視野中重新擺放各式各樣的土地使用方式。一些實踐與一些與土地的關係彼此迥異，在繼承了「野生與馴養」、「開採利用與神聖化」、「『改良』與放任」、「天然與有整治」的陳舊對立的我們眼中，更是針鋒相對、水火難容；然而，當我們以行動風格重繪地圖，這些實

95 對某些環境來說，自由演變的概念很難說得通。要是撤除一切積極管理，這些環境的功能和生物多樣性恐怕就會減弱。高地、田園和果園等環境是人類活動共同創造的結果。與森林的工業化開採利用不同，這些活動因此不再是阻撓環境盛放的人為逼迫，好比法國的森林那樣，而是環境本身身分的組成元素：當人為逼迫成為您身分的一部分，它們就不再是人為逼迫了。在這些案例中，自由演變沒有意義。然而就算如此，我們仍能在這些環境裡捍衛一種響應重燃燼火的管理風格——奠基於信任生物動能的管理。這種管理重視能夠讓環境恢復自主的臨門一小腳，而非那些始終受熵宰制、須要人類干預來不斷跟上現況的整治。依據環境不同，如此的信任和這類的行動，程度不一地掌控著一切。

踐、這些與土地的關係就夯不啷噹全都歸入了同一陣營。

一個嶄新的同盟因而浮現。這個同盟之所以結成，起初首先是拜共同敵人之賜。但這不夠，因為這樣的話，就只是被動聯合而已。自由演變的火源、管理不失分寸的保育、永續的另類林業與生態農業（如大拉瓦樂農場的有機混耕混養）是目的與手段都大相徑庭的實踐，卻都坐落在**同一個**政治聯盟與精神社群的連續體上。除了擁有共同的敵人，它們還擁有一道更強的連結，讓這個連續體成為一個**家**。我們哪怕在這個家中相當疏遠，疏遠到自認對抗這個家，疏遠到局部地與這個家起衝突——只要一看見彼此的共同點，我們就無論如何的確是盟友。

這個聯盟的共同點：一樣精神——信任荒野動能；一項計畫——恢復環境自主、重燃爐火；一種態度——求索隨時制宜的顧念敬重。

然而，不應抹消「自然保育」和生態農業兩者目標的差異：它們是同一種信任的兩種截然不同的表達方式。自由演變的火源是不以耕作為目的的信任，在食糧給養方面不忮不求；它在土地上處處都有意義，與用於滿足食糧給養的土地相比，它比例雖少但不容忽視，與前面我們定義的生態農業和衷共濟。後者是這種信任的另一種表達形式，它受人彎折調整，從事勞動，首要用途是餵養我們。

這就是我們的新聯盟。

它已經處處結成，潛移默化著田野現場，然而仍屬少數且隱不可見。很多經濟與哲學上已有餘裕擺脫「農業現代化」遺緒的農人，會開始覺得，農場從生態農業汲取靈感，往更加關照品類豐繁生物環境的方向轉變，是有意義的。

農業經營者與法國野生動物保護協會荒野生命保留區計畫之間擦出的火花，就是這種聯盟值得一觀的案例。是的，德龍省熱爾旺（Gervans）鎮的一名有機葡萄酒釀造商決定在他的葡萄園裡為荒野生命創造許多棲息地，改造他的農園。而同時，他也決定將溫和得異乎尋常的一季風候釀成的粉紅葡萄酒銷售所得捐給荒野生命保留區計畫。被問到這決定意義為何，他答道他希望——這是他的原話——「感謝自然帶來了豐年，並為我為了生產這酒對自然造成的損害道歉」。這並不是經濟意義上的「補償」。講得粗魯一點，經濟補償的邏輯是「你賠你摔破的東西，如果賠得起，你摔沒關係」。捐贈於此並非為了替代掉將農業實踐往更永續深刻轉型的行動，這部分已體現在他轉作有機、還為了葡萄園裡的野生生物多樣性起身行動上面。他把捐款說成是回禮（contre-don），是對生物環境帶給他的饋養所做的投桃報李。他把捐款設想為一種方法，我引述他原話，「來為集約農業讓自然受的傷害道歉」。他與環境的關係不再把馴養與野生、開採利用與看顧照護對立起來，他遠離了農業現代化。他從否認我們與饋養我們之環境那禮尚往來關係的生產形上學裡解脫出來了。然而，他既非反現代、亦非前現代，而是化身為一種美好未來的先聲。今後，生態農業的涵義，是不再相信自己「生產」著給養的農法，它們不再貶低生物動能的饋贈，起身投入各色各樣的投桃報李（改善土壤、甦生環境、捍衛野生生物多樣性）。如此的生態農業，因而得以成為從生產的形上學解放出來的未來農業圖景。這些生態農業已在另一張生物地圖上翩然棲居。

這個聯盟的成員與眾不同之處，在於這些成員對包羅萬象的生命形式有感受力，對牠們的生命方式有感受力。對種種關係有感受力。能夠從相互依存的角度看問題。能夠讓這些相互依存的關係走入集體的關注範圍。一言以蔽之：隨時制宜的顧念敬重之覺知。這一特質在自然主義農人（paysan naturaliste）這樣迷人的人物身上淋漓盡致體現了。這些心心念念生物世界的農人能夠喚出每個物種之名，解讀牠們在他們的土地上啟動的生態動能，並從相互依存的觀點看待生態系。[96]這一特質也體現在那些自由演變的河流與森林的捍衛者身上，他們對未受毀傷的環境運作有著深刻的瞭解：任森林自在變老，任河流雙向流淌（沉積物向下，溯河洄游的魚類向上），凡此種種都是對這些環境展現的隨時制宜的顧念敬重。

96　參見由農人與旺代省鳥類保護聯盟（LPO Vendée）共同發起的「自然的農人」（Paysans de nature）網：www. paysansdenature.fr/。
譯註：Paysans de nature 一語雙關，既可解作「自然的農人」，亦可解作「天生為農人」，是一個漂亮的文字遊戲。

環境的健康面貌萬千，對環境投入隨時制宜的顧念敬重也就不只一種方式。

我們因此邁向了一項**變革土地使用方式**的計畫，增加自由演變（與普遍而言的「強力保護」），增加永續的土地使用方式（生態農業、混耕混養、短通路及照顧土壤的農業）。問題不再是將這兩者對立起來，而是重新設想它們的**比例與分布**。

今後我們懂了，為什麼捍衛自由演變的環境不應以極端悍拒一切人類行動的捍衛「沒被人手碰過的純潔無染」的模式來設想，因為這樣一來，我們就讓它與**重燃生之燼火的其他方式**割席斷義了。我們必須重新設想自由演化，讓它成為連續光譜的一極，而非環境保護的一種極端、唯一、少數派的類型，把所有「較不純潔」的做法都打成敵人，從而封死了自己的路。連續體的這端到那端，一直到各種生態農業，一直到各種外交的林業，信任生物動能的形式千千萬萬。

另類林業選項支持網、荒野生命保留區、自然的農人、各種生態農業、非暴力林業、農民聯盟，還有其他幾十種實踐，這些行動者星散四處。讓他們之間浮現這樣一個可能的聯盟，其實具有一項非常明確的政治功能：避免像托洛斯基主義者—列寧主義者與列寧主義者—托洛斯基主義者那樣，在同室操戈中耗盡自我；與此同時，看著對手內部分裂成這樣，生物的毀滅者正摩拳擦掌呢。

「認明您有哪些盟友、哪些則是您真正的敵人」——這正是這張本體論地圖的中心德目，應當能讓我們在劍拔弩張的政治場域中直率辨明方向。

地圖的模樣，是一個必須自問的問題：你為什麼捍衛保留區？因為你厭人類只是不說，崇拜沒被人手碰過的純潔無染？還是因為，面對編織了一個共同世界的這些生物動能，你心懷一個生物所感覺到的信任？

你為什麼捍衛小農？因為你酷嗜為了對抗有缺陷、有敵意的自然而把環境拿來耕種的行為？還是因為，你拒絕那對生物動能、對倚賴生物動能而活的人類施暴的工業化？

這樣的分辨不是預言、亦非一廂情願，而是張真實的概念圖（carte conceptuelle）。它追求的政治效果，是呼籲出種種深刻的結盟，如此的結盟與隨波逐流的表淺敵友關係南轅北轍。深刻的結盟是冰山水下的十分之九，乍看隱微難辨，卻是最真實的。這就是這張概念圖的期待：願捍衛由信任生態動能所推動之關係的人都認出彼此，眾志成城。願另類林業與外交生態農業的捍衛者認同自由演變與他們站同一邊。願捍衛完整生態保留區的人肯認前述的開採利用形式是捍衛生之燼火的盟友，而不是不由分說全都該死的開採利用的其中一張面孔（要這樣想的話，那就不要用木材，也不要吃飯了）。

為了結成共同陣線，這裡提出的外交規則是：把這些行動者都編織進聯盟，內部可以有歧見，但不要分歧到削弱了對抗真正敵人的力道。[97]

跨物種同盟

若我們追根究柢深入探索這些同盟，其中關鍵的一個就浮現了——人類之為生物，與非人類生物締結的跨物種同盟。[98]

大規模施用合成投入物所摧毀的授粉者，開採主義農業殘害的土壤動物群落，還有其他那麼多的生命：這些生物如今以前無古人的方式呼喚我們的注意。牠們是維繫我們生命的行動循環那最重要的組成，我們毀傷牠們，也就毀傷了我們的生命條件。

97 這些話並非隅室清談，而是在田野現場辨明方向所需要的一張張地圖。我們可以啟動這些地圖來打造不同土地使用方式間的具體政治同盟。最近，農民聯盟與法國野生動物保護協會理事會舉辦了雙方會談，辯論兩者的衝突。這場會談中，我得以驗證這些地圖。挑戰十分艱難：他們要在德龍省農民聯盟簽署了「反對再荒野化與獨占土地」的動議反對法國野生動物保護協會的荒野生命保留區計畫後恢復對話。還有，要探討，對齊聚桌邊的不同行動者而言，「聯盟」這個概念有多中肯、多有吸引力。相當震撼的是，會中一旦有人訴諸種種二元對立（開採利用對上神聖化；一切人類行動都會破壞環境；地球的命就是被農人拿來種），衝突就激化了，甚至讓對話不再可能。相反，一旦我們讓共同敵人（也就是開採主義的工業化農業、土壤人工化）現身顯形，讓自然保護人士及農人兩者與生物的一致關係（對生物動能的信任）浮現檯面，討論的空間就又打開了。就這樣，會中得出了結論，指出雙方的關係是相互依存的：農民聯盟常常捍衛的小農與生態農業是唯一與法國野生動物保護協會捍衛野生環境的計畫相容的農業實踐；農民聯盟捍衛的小農並不「生產」，而是採集並彎折調整野生動能（對抗「現代」農業的農人馬上就理解了）；最後，自由演變的火源是織進永續農業活動中的，這一個個火源讓那些野生動能朝氣蓬勃。農民聯盟與法國野生動物保護協會也在捍衛生物的共同方式上取得共識：雙方（不開採利用的保留區以及小農）的行動者一致認同，這個共同方式並非保護自然，而是捍衛多重物種的生活環境。會議結束時，兩種實踐原以為的對立（這廂禁止開採利用，那廂開採利用）消失了，取而代之的，是雙方至少默認了彼此站在**同一**陣線：一條與超越我們、塑造我們的種種動能保持永續關係的陣線。

至於會談之後能期待有什麼政治效應：老實說，只有未來才能給出答案。

98 我在〈與大地的新同盟：與生物的外交共居〉（Nouvelles alliances avec la terre. Une cohabitation diplomatique avec le vivant）（*Tracés*, n° 33, 2017, pp.73-96）中，更加深入闡述了跨物種同盟的概念，我不是把它當成隱喻在談，而是視作一種殊異的政治現象（因為，其他生物並不與我們簽約，也不像成員只有人類的同盟那樣自願、自覺結盟）。

牠們請我們注意，牠們是達成我們目的的方法，而我們正在摧毀這些方法，牠們現身顯形，不再只是工具，更是**其他的身分**。這麼一來，牠們就為我們指出了新方向，在追尋這些方向的道路上，牠們成為了客觀的盟友。好比說，我們的田野裡，授粉者如今正大量消失。而讓水果、蔬菜、野生與馴養的所有開花植物在每個春天歸返的，卻恰恰是牠們。若我們仔細聆聽牠們的苦難所揭示的，我們就會知道，種種不永續的土地使用方式（殺蟲劑、生態破碎化、生態系簡化、樹籬被毀……）毒害著牠們。也就是說，蜜蜂及其他的授粉者，這些生物向我們指出我們的惡行：蜜蜂用觸角點向毀滅我們與其他生物**共享的**生活環境的農業實踐。牠們對何者攸關生死有清楚覺知，在各種土地使用方式之間無意識亦無意圖地劃分出了敵友界線。牠們向我們展示，要想讓世界對我們**與**對其他生物更宜居，必須改變什麼。蜜蜂向整個社會指出，這社會耕作的方式摧毀了整個環境。蜜蜂提醒我們如何善待土地。這樣的動物，難道沒資格躋身盟友之列，加入打造我們共同世界的工坊，走進政治關注的範圍？

然而，我們必須開門見山把這些跨物種同盟與某種形式的工具化區分開來：例如，某個野生物種的自發行動幫到了農場，我們可能就會膚淺地講說他們組成了聯盟。然而很多時候，這樣就只是功利意義上的「同盟」：因為某種野生生命形式有用，就叫牠來工作。此處我們所捍衛的，遠遠超過這種功利意義上的同盟。我們捍衛同盟，不是要支持「這些非人類對人類對土地的開採利用派得上用場，所以牠們有資格活、值得受尊重」這樣的論述：既然我們這邊不是在道德、而是在自有其種種對立的政治場域裡論證，「有沒有資格活」就並非問題核心。問題的核心是要揭示，與難以共居的物種締結的同盟並非因為有義務或有用處才締結，而是因為這些聯盟牽成了一條又一條的**轉型路途**，邁向對「更帶來解放的人類活動」與「完整的生態系」之間的**關係**更加慷慨大方的實踐。這些同盟請我們思考的是，毀滅掉生物界生態，對人類的生存條件同樣有害：異化是跨物種的現象。[99]

99 這裡要探討的是，能否借用厄尼斯特·拉克勞（Ernesto Laclau）以整合各種戰鬥與議題建構出霸權的概念，來思考與生物結盟的問題。這未必是要打造一種普遍性（universel），首先反而是要建立一個較豐富的政治主體、一個組成更豐繁的政治實體。是要將永續農業（生態農業、有機、樸門農藝）與授粉的蜜

確實，在我們與生物的關係、人類的生存環境都遭逢危機的當今，這樣的**假設**並不武斷：異化人類的機制往往也是異化非人類的機制。以唯獨金錢的短期利潤為名義，對一切共居嗤之以鼻的那些人類活動，**也是**那些不屑去解放為它們工作的勞工、讓勞工以種種形式活得更燦爛充實的人類活動。這些活動開展的代價，是在場所有人類與非人類行動者的生命條件。任何局部地摧毀或漠視勞工生存環境的活動，都很難自稱為工人帶來解放。任何尤其是以大量施用投入物摧毀土壤生命的農業，都沒資格自稱真正解放了農人，而農人往往正是這種農業的第一個受害者，如同我們從「綠色革命」(révolution verte)[100] 對農人群體產生的社會與心理影響，所推導出的那樣。此處揭示了一個生態心理學的弔詭。所有牽涉非人類的人類活動無一例外面臨兩種選擇：要嘛自視為與生物維持的複雜脆弱夥伴關係，要嘛自視為對遭物化為物質材料的生物群集的控制，這種控制的基本操作結合了「最大化開採利用」與「根絕害蟲」。

蜂、授粉者消失導致維生素不足而死亡風險升高的孕婦與兒童、做法永續的蜂農整合為一個超凡的個

體，四者結盟、整合起來，**對抗**其他的土地使用方法與利益團體。如此的整合並非以各自計較己利的孤立個體間的契約模式來實現，而依循斯賓諾莎式個體的混雜模型進行，這樣的個體在生態共同體中編織出共享的力量；也依循政治論述與戰鬥中霸權整合的模型來實現。我們不妨如此想像客觀同盟（alliance objective）生態政治的運作邏輯：喚起這些聯盟，整合他們；預測風險來追蹤組成他們的一個個關係，以此壯大他們。這或將是一個創造出種種政治實體的多重物種霸權整合，這些實體是多頭馬車，但力量非凡。這一點可參見斐德利寇・塔拉枸尼（Federico Tarragoni）的〈邁向一種政治普遍邏輯：拉克勞學說的身分、主體化與解放〉（Vers une logique générale du politique : identités, subjectivations et émancipations chez Laclau）（發表於 *Revue du mauss permanente*，二〇一五年一月二十五日，線上出版）。另請參見拉克勞，《民粹主義的理性》（*La Raison populiste*，臺灣譯本由群學出版，林峯燦、黃上銓譯）。

譯註：關於「斯賓諾莎式個體」，茲引崔露什，〈斯賓諾莎「conatus」的歷史起源及現代性意義〉（https://library.ttcdw.com/libary/wenhuakejisuyang/zx/126506.html）：「個體」在斯賓諾莎哲學中是一個向外界和未來敞開的「系統」，它與外界交流並將其特性納入自身結構之中；作為個體本質的 conatus 也因此具有豐富的現實性，同時也對人類自身的現代性生存狀態具有啟發意義。

關於「客觀同盟」，茲引作者前作《生之奧義》之言：人類與非人類各方並不一定要有結盟的意圖才能結盟（這正是「客觀同盟」〔alliance objective〕此一描述性概念的含義）。一個各方勢力交錯的場域要出現跨物種同盟的凝聚這類的現象，只需要三個條件：一、兩個以上身屬同一個重要性共同體的參與者之間締結出一道共同陣線；二、這道陣線挺身擁護對他們來說十足重要的土地使用方式變革；三、他們這麼做，也就對抗著其他的土地使用方式。心理意圖、協議簽訂、口頭磋商，這些都不重要：三個介系詞就能構成一個同盟——擁護（pour）、之間（entre）、對抗（contre）。

100 譯註：二十世紀後半葉的一系列全球農業技術改革，尤以開發中國家為最，意在大幅提高糧食生產，應對人口增長與糧食短缺。「綠色革命」引入高產量作物品種、化學肥料、殺蟲劑及現代化灌溉技術，提高了農業生產效率。

然而，弔詭來了，這裡我們主張，後面這種路線選擇儘管在意識形態上合理化為「理性進步」，卻摧毀了土地上的部分生物，從而也異化了執行這路線的人。

因此我們主張，以與生物外交關係為本質的各種實踐形式，自然會為實踐它們的行動者與人類社群帶來更大程度的解放，讓他們更加圓滿盛綻。這就是樸門農人與外交生態農業實踐者（以及他們餵養的人）那耐人尋味的幸福之謎。如此的幸福與亞當範式（Paradigme adamique）那種用犁為土地帶來文明、征服莊稼之敵、以額頭汗滴換取自己麵包的戰鬥判若雲泥；如此的幸福自在無比，流淌於與作物締結的敏銳精微的同盟裡，致力於將這廂的害蟲變成那廂的助力。[101] 這並不是說一切都夢幻美滿：存在著為害某些作物的害蟲，也存在著寄生與獵食。改變了的，就只是與這些生命現象維持的關係；也因此，相關的農業與經濟實踐也變了：如果我們將牠們理解為「最大化生產」這個人類天命的咒詛，那牠們本質上就是害蟲；如果我們將牠們理解為與我們一齊被擴進種種精微錯綜政治關係的共居夥伴，而我們必須去創造發明與牠們的種種聯盟，減少或轉移分歧，精煉多重關係，化競爭為互利共生——那麼，我們就從與農作物的戰爭裡抽身離開，進入了與自己的生態農業共同體締結的錯綜複雜結盟裡，這些聯盟對各方都更加永續。各式生態農業一直主張，他們職業的本質是把與生物的關係從對立邏輯轉入合夥邏輯。我們於此主張，這樣的夥伴關係是一種有效解放實踐者本身的藝術。如此的客觀同盟將大量實踐者、生產者、消費者、規模遠為龐繁的生物都編織在一起；而在通路模式上，短通路與此同盟密不可分。

因此，這些與非人類、與荒野動能締結的生命聯盟，便與種種土地使用方式共繫相連；當今情勢之中，這些使用方式往往**同時**對生物群集、也對人類活動**與人有關**的部分——換言之，勞工的生存環境，例如勞工能為其工作賦予的意義——都更加行得通。

我們不再是捍衛生物以對抗泛指的人類、對抗所有人類的使用，以將牠們神聖化、標舉為不可妥協的目的（儘管有時候，賦予牠們如此地位是必要的）；生態政治

101 這點可參見夏樂・艾維—古葉（Charles Hervé-Gruyer）、霈心・艾維—古葉（Perrine Hervé-Gruyer），《樸門農藝：治癒地球，餵養人類》（*Permaculture. Guérir la Terre, nourrir les hommes*）, Actes Sud, Arles, 2014.

學捍衛牠們，因為牠們是更好的土地使用方式——也就是整個技術體系往更永續、更尊重、更節能、更堅韌、更細緻、蘊含隨時制宜的顧念敬重的土地使用方式轉變的「轉型路途」——的盟友。這是本世紀政治行動的新綱領，因為大家都身處種種相互依存的關係中，而唯一合宜的相互依存政治正是秉持隨時制宜的顧念敬重來進行無窮的協商，對抗所有不永續的實踐。這裡的政治不是物種議會，而是集體參與，把人類與非人類都編織入世界使用方式的轉型路途，來對抗其他方式。

一如此處提出的其他概念，這個跨物種同盟的概念是張地圖：它的使命並非鉅細靡遺盡述現實，而是讓我們能夠更順暢、更解放、更充滿生命、更隨時制宜地，在現實中辨明方向：但是還有其他千萬張地圖等我們化身製圖師來創造發明，因為每張地圖都是周詳無漏的，只要它能為生命投射出一束光，開啟一條條行動之路，它就蘊含價值。

這些生命之盟裡，與我們以外的生物結盟的，是我們內在的生物。對各自而言重要的事就此浮現出來，區分不開。

雖說如此，這項假設每次都必須經過實證檢驗。它在這裡的主張中是一種趨勢，而非一種必要或一項先驗真理：若將目光望向擁有開採主義外貌的當今西方種種生產活動，很可能在許多案例中，較為注重共居的土地使用方式將襄助土地一同轉型往生態上更永續、讓人類更活得下去的實踐。當然，在無數個案中，現實複雜得無可救藥，前述的可能就不會成真：問題的關鍵乃是去確定，在哪些地方，與荒野生命的共居朝著對人類與非人類社群更永續的方向解放，以及確定結盟與協商的形式。這個釐清了的方向或許能幫忙解放行動者的想像力：就我們的土地使用方式而言，哪些轉型路途值得期待？

為對峙的種種分歧重繪新地圖

CARTOGRAPHIER AUTREMENT
LES DÉSACCORDS EN PRÉSENCE

神聖化就是連結

如此的研究調查鑄造了種種工具，讓我們能以不同眼光切入目前其中一些持續把這廂的自然保護者、那廂的農林開採利用者對立起來的某些土地使用方式爭論。我們現在可以試著拿起此處勾勒的一張張新地圖，另闢蹊徑重新表述問題。

一路至此的探討讓我們瞭解，首先最好重審我們的傳統中所謂的「荒野自然保留區」如今獲得的新地位。開採利用／神聖化的二元對立如果不再站得住腳，那就代表我們對強力保護——亦即神聖化——的設想，也該重新思索得更細膩，而不只是單純將之視為與一切人類活動對立的另一極：確實，我們已經論證，摧毀生物的不是全稱泛論的人類活動，而是奠基於對抗（不信任與取代）生物動能的種種土地使用方式。依此脈絡，神聖化不能再只定義為將某一面積的土地置於一切開採利用之外，一如愛德華．威爾森（Edward O. Wilson）[1]《半個地球》（*Half Earth*）[2]的提議：把地球分成兩半，一半留給生物多樣性，一半留給開採利用。乍看之下，這個提議或許看來強而有力，簡單明瞭、貌似基進，撫慰了我們身為摧毀的繼承者而有的無力感與罪惡感：終於有了個給生命一席之地的措施。然而，這個提議的缺陷，在於它沒有正確檢視自身承繼的種種，並且完全立基於一個盲點。

一如環境史（histoire environnementale）和生態思想之揭示：二元論自然保留區之邏輯與印地安保留地（réserve indienne）之邏輯共享一段歷史。[3] 無論用在野生動物群落還是美洲原住民，這套邏輯一以貫之：把土地占為己有以施行所謂「有生產力」的土地使用方式，將異者排除到專門劃定的一個個小空間裡。這是一套圈困、隔離異者的邏輯；昔日，異者**遍地**棲居，如今遭「神聖化」進了一個個例外空間（其實就是

1 譯註：美國昆蟲學家、博物學家暨生物學家，對生態學、演化生物學、社會生物學、螞蟻研究貢獻卓著，獲譽為「社會生物學之父」、「生物多樣性之父」。

2 譯註：本書有臺灣譯本：《半個地球：探尋生物多樣性及其保存之道》，金恒鑣、王益真譯，商周出版，2017。

3 參見艾薩克・坎托爾（Isaac Kantor），〈種族清洗與美國國家公園成立〉（Ethnic Cleansing and America's Creation of National Parks），《公共土地與資源法評論》（*Public Land and Resources Law Review*），vol. 28, 2007, p. 41-64.

隔離區）。[4]

此外，二元論保留區的邏輯也以種種新殖民主義的形式讓這樣的承傳死灰復燃。我們要在西歐捍衛生物世界，就不能忽略我們殖民歷史的遺緒，如此遺緒有個舉足輕重的組成元素：與被殖民國進行不平等的生態與經濟交流。[5]舉個例子，主張法國或歐洲大部分土地都該成為自由演變的保留區，等同於接受我們的食糧是透過低價的經濟通路，從前殖民地國家運來的；這種經濟循環正是殖民關係的延續，實際上是損及他們的生態系以利我們的生態系。此地與他方的生物動能，我們都必須照顧。為此，把糧食自給盡可能移回我們的土地勢在必行。占土地幾個百分比的自由演變火源遍布整個地景，火源間彼此順暢連結，周圍圍繞著掙脫了工業化農業相關產業桎梏的生態農業與小農，圍繞著非暴力林業——這是我們所需要的面貌。

不過，《半個地球》的邏輯裡最值得批判的，是它延續了人類／自然的二元對立，從而延續了神聖化／開採利用的二元對立：「開採利用必不永續」因此得以成立。[6]預設「保留區意欲在裡面保護的，出了保留區就會遭到摧殘」，正是傳統二元論保留區的弔詭。在本質上與美國資本主義史密不可分的美國保育傳統中就可見到這弔詭：荒野（wilderness）保留區本質上類似一點點百分比的良心，有了這撮良心，工業化農業相關產業就能恣意盲目地開採利用其他所有土地。換句話說，這套《半個地球》也廁身其中的古老神聖化邏輯，問題並非它在聖域中做了什麼，而是它在聖域以外其他所有地方放任並合理化了什麼。問題不在它珍愛什麼——而在它忽視什麼。

威爾森想必會否認他提倡的神聖化反而合理化了不永續的開採利用，可是他的假設說服不了任何人，成了他整個倡議的盲點兼弱點。確實，要設想我們能把生產與人

---

4 譯註：原文為ghetto，亦譯為聚集區、隔都、隔坨區，原指十六世紀威尼斯猶太人遭強制集中居住的區域，今日普遍用來稱呼都市中由於種族、宗教或經濟原因形成的邊緣化或隔離的社區。華文常譯為「貧民窟」，然而貧民窟僅是ghetto的其中一種。

5 參見馬樂孔・斐迪南（Malcom Ferdinand），《去殖民化的生態學：從加勒比世界思考生態學》（*L'Écologie décoloniale. Penser l'écologie depuis le monde caribéen*）, Seuil, Paris, 2019.

6 這類似補償機制帶來的問題：只要金援遠方復育幾公頃的林地，就可以繼續毀滅這裡。神聖化最終為了開採利用服務，充當開採利用的良心，成為合理化開採利用的作為。神聖化之為二元論，是「漂綠」的構成機制。

類活動遷移到地表的一半，威爾森須要訴諸一個天外救星（deus ex machina）[7]：他以科學技術解決方案主義（solutionnisme technoscientifique）[8]為前提，秉此信念，人類在未來數十年將奇蹟也似地發明創造出能養活**日益增長的**人口並為之提供能源、同時又只開採利用一半地表的種種方式。他沒為這些「絕妙」發明給出能讓我們相信這場科技大夢的具體線索。用於開採利用的土地減至一半，同時讓更多人得溫飽、有住處、還洗刷了破壞環境的罪——在此我們看見，《半個地球》這個家屋是座空中樓閣。此等魔法般的解決方案主義讓重燃二元幻夢成為可能。然而它並不會成真。

保留區，或說聖域，這種二元論的根本問題，是它們為其他所有地方的破壞開了綠燈。發明了盲目開採利用，也發明了神聖化充當自己良心的，是同一個社會——而正是這個社會摧毀了環境。愛因斯坦說，問題不能以導致這些問題的思維模式解決。也就是說，對關注強力環境保護的組織而言，關鍵在於帶出一種深思熟慮、比傳統二元論保留區更豐富的，與生命世界關係的新模式。然而，這不代表要放棄任何強力的環境保護。這是條如履薄冰、求其平衡之路。

關鍵在，必須創造發明一種自開採利用與神聖化的二元對立抽身而出的保護區新概念。這就是我們在此透過自由演變火源的概念、讓自由演變火源成立的種種論證、自由演變火源與其餘土地的連結所嘗試做到的。二元論保留區須以一種更腳踏實地、邏輯反著走的保留區概念取代：自由演變火源並不是在開採主義進行開採利用之後來補償、應對、救還能救的同時允許摧毀其他救不了的——而是與土地永續關係的原則指南。不再是損人類以利自然，而是人類也躋身其中的生物共同體那生機流淌的本營。[9]這些火源與周遭其他同樣是非暴力且永續的土地使用方式彼此連結、結盟，對抗不永續的開採利用。這些土地使用方式是開採利用沒錯，然而，針對每個環境——只要這環境有能力自我甦生——的力量與要求，這些使用方式都待之以隨時制宜的顧念敬重。

---

7 譯註：亦譯「機械降神」、「機器神」，指戲劇、小說中橫空出世、違反文本內在邏輯的矛盾解決辦法。

8 譯註：指一種過度仰賴科學技術解決社會、經濟或環境問題的思維或意識形態，相信技術與科學的進步將能解決所有問題。

9 譯註：「本營」與「火源」的原文為foyer，詳見〈細緻解剖一具槓桿：案例分析——自由演變的火源〉註解1對此詞的解釋。

績密設想自由演變的火源，就是時時置身於各種與環境關係選項織成的網中思考。今日，捍衛自由演變的自然或某種野生動物，卻沒有同時捍衛讓這些共居成為可能的土地使用選項，已經行不通了。這就是約翰・繆爾（John Muir）與美式保育邏輯以降發生的改變，許多自然保護協會對此已經明瞭。[10] 具體而言，這代表今日保護自然的協會已不可捍衛野生生命卻不去設想更總體的社會計畫。架空離地的保護，彷彿人不存在，彷彿人不消耗資源，不再可能了。我們已經無法「保護荒野自然」而不捍衛一個與荒野自然相合、讓關係欣欣向榮的人類世界。

設想為自由演變火源的保留區在世界耳邊低語：我們不必再接受土地的命運就是被盲目開發99％、剩下的1％神聖化，而能大部分以永續且與荒野動能相合的方式開採利用，其餘的部分則放任自由演變，且處處以千千種方式受保護。昔日的強力保護劃出的老舊陣營——厭人類的環保人士與帶來毀滅的開採利用者——不再有道理：強力保護的敵人不再是開採利用，而是不永續的開採利用。土地使用方式只要尊重生物世界，自由演變的火源就是盟友，它們與生物世界共同呼吸、齊心協力來想像出其他種種土地使用方式——總算美好的土地使用方式。[11]

超越二元論，歸返森林

我們現在可以解決那個為第一部分劃下句點的問題：如何把與森林的這些屬於開採利用、那些屬於自由演變的各種不同關係，放在一起思考，同時不拿二元論的分類對立它們？我們的新邏輯能讓我們想像什麼類型的森林整體管理？

若我們回到法國野生動物保護協會的保留區一例，該協會並不主張，好比說，自

10 其實大多數協會都已對此透澈瞭解，多年來指出了路怎麼走，好比Férus協會的牧狼行動（Pastoraloup），同時捍衛野生動物（狼）與永續牧業。我們還可提到法國鳥類保護聯盟對「自然的農人」計畫的投入。

11 這是重新賦予國家公園核心區域意義的一種方式：這些區域（當沒有太多妥協時）可以詮釋為第一批自由演變地帶，此處提供的論點（若無法捍衛它們的論述）至少能捍衛它們的存在。這就是為什麼，為這些國家公園及管理它們的公務員的存續而戰，乃是當務之急。

由演變應該壟斷所有森林的管理。並不是要把所有森林都變成自由演變的森林，禁止採集與開採利用。自由演變的火源與其他森林相繫相連，其他這些森林有資格受到其他類型的管理，這些管理建基於作為行動風格的、對森林動能的信任：永續的開採利用，擁有參差不齊、多重物種、尊重森林邏輯的喬木林，例如Pro Silva[12]模式；細膩而有外交精神的管理選項，例如另類林業選項支持網；[13]樸門農藝的森林—園圃；有人居住、維持採集用途（採集野生植物、蕈菇與木材）的森林。這個連續體必須設想為各色各樣的一系列使用方式與關係。與森林的關係不只一種：開採利用的方式只要是永續的，就值得捍衛。有不開採利用、只撿拾採集（草藥師的採集等）的種種使用方式。然而自由演變**也是**一種使用方式，一種「與森林相繫連的編織」：我們來到森林，沉浸在其他生物的生活裡，不留一點痕跡；自由演變卻也是森林與人類世界的一種強烈關係，因為它形成了一泓生命之泉，在其他形式森林的周遭、往其他形式的森林流淌，讓這些森林重獲生機。

自由演變的火源因此是**一眾選項之中**的一種，屬於一個明確具體的陣營：對抗森林廉價化的，種種與森林永續關係的大家族。這個家族聚攏了各個森林環境管理選項結成的同盟，這些選項有個共同點：都捍衛著對森林的內在邏輯抱持的隨時制宜的顧念敬重。它們尤其在政治上因著共同理由而團結一體：抵禦並抗擊對森林、對環境不

12 譯註：法國的一個協會，推廣混植樹種與樹齡、優先讓森林自然甦生的「不規則林業」。

13 根據費歇爾—科瓦爾斯基等人所著的《社會新陳代謝與對自然的殖民》（*Gesellschaftlicher Stoffwechsel und Kolonisierung von Natur*）（G+B Verlag Fakultas, Amsterdam, 1997），更為「外交」的森林管理有個關鍵：啟動「人為逼迫的退場」。

在這方面，紀繞姆‧克里斯汀（Guillaume Christen）寫道：「依此觀點，弗雷德里克‧古萊特（Frédéric Goulet）與多米尼克‧溫克（Dominique Vinck）定義了以『退場』為管理特色的自然實踐。這些較為溫和的管理模式尤其圍繞著自然林業（sylviculture naturelle）來開展實驗，這種林業旨在撤除直接作用於森林生態系的介入模式（植林、對幼木進行人為處理），以此牽成環境的動能與潛力，換言之，旨在最佳化現有樹種恢復族群數量的週期。森林生態系獲得了新地位：牠的各種過程對林業生產的邏輯而言重新派得上用場，而且運作順暢。如此模式並不整治森林，而是致力於瞭解環境潛力，並在生產過程中導引這些潛力的角色及輔助功能。」（《自然性》〔*Naturalité*〕，《野生森林協會通訊》，n° 20, p. 19）。另見古萊特、溫克，〈以退場為創新：為一種脫離的社會學而貢獻〉（L'innovation par retrait. Contribution à une sociologie du détachement），《法國社會學期刊》（*Revue française de sociologie*），n° 53, 2012, p. 195-224.

永續的開採利用。法國野生動物保護協會與另類林業選項支持網就這樣建立起對話，討論兩種取徑如何可能連結，探索如何保護所有權人希望維持溫和開採利用形式的森林。

要想像一種永續的森林開採利用，該拿哪具羅盤？另類林業選項支持網、Pro Silva的管理，還有所有非暴力林業都知道：應該以生命力量、甦生、韌性，還有自由演變的生態系為羅盤。這些永續的方式不是所有森林環境都應該照著做的標準。但它們指出了哪種生態演化的過程最有永續、多樣、堅韌的潛力。永續的林業開採利用獲此啟發，有能力自我甦生，主動款待森林的種種動能，限制其開採利用對野生生物多樣性的影響。

因此，我們必須把自由演變的火源移進「我們與森林的多種關係」這個整體概念來理解。因為，對環境有益處的作為，並非獨一無二、斬釘截鐵。森林向我們指出了與牠各種不同的可能關係，指出了使用牠的不同方式，這些方式全都對森林本質懷抱隨時制宜的顧念敬重（永續且尊重種種森林動能），因為生態系充滿了不只一條的潛在路途。對一片森林、一座仍有自主動能的生態系來說，「好」有好幾種方式。我們不妨稱之為生態系或生活環境那**形形色色**的健康。相反地，對環境來說，「不好」往往明確而唯一（韌性、多樣性、適應潛力與功能等的削減）。

我們在這裡可以拿人類來類比：對人類的虐待相當明確而唯一（幾乎對所有人都沒兩樣）；相反地，每個人充實盛綻的可能性則五花八門，隨其生命形式而制宜。

正是環境健康這種多形多樣的特質，在兩種傳統立場間開闢了中間路線：第一種立場認為，既然一座生態系只不過是物質材料，它就不需要隨時制宜的顧念敬重。生態系無所謂與人類無涉的好與不好。生態系無所謂「更好」或「較差」，只有對壟斷了價值特權的我們人類才有好壞之分。生態系身為物質材料的大雜燴，一切的內在規範性（normativité immanente）都付之闕如。這種「現代」取徑被拿來合理化盲目的開採利用，後者對遭到轉變為資源庫的環境沒有任何顧念敬重。第二種立場主張，若我們想對森林展現顧念敬重，那就只能實施唯一一種教條的管理方式，因為森林只有同樣一種生機蓬勃的良好健康（好比說自由演變，絕對的神聖化）。這兩種論述是二元論逆反的遺緒，錯失了問題的本質：仍有自主動能的生態系擁有未來可能的種種路途，這些路途滿盈著隨時制宜的顧念敬重，保持了生態系的適應潛力，與削弱、破壞、毀滅生態系的未來可能路途判然二分。這就是為什麼必須增加永續且念茲在茲對森林展現隨時制宜顧念敬重的選項：這是公正對待我們與環境種種可能關係的方法。形貌多樣的環境健康這個概念是一項重要工具，助我們聚攏出擁有多種森林使用方式的必要，包括各種形式的撿拾採集、開發利用、居住、自由演變，同時防止這種多元主義淪為相對主義（相對主義的意思是，既然沒有哪種使用方式是絕對標準，任何使用方式就都可接受了）。

不過，如果我們尋求一項最基本的指引工具來航向森林自己眼中的「好」、並隨時制宜對森林的顧念敬重，就必須往森林自身視角的周遭找：也就是說，學習從構成森林的種種相互依存關係的角度來看事情。這是一項困難的藝術，有能力如此置換立場、以長時間為尺度看待環境的生態學家與林業人員深諳此道。這是最基本的指標，因為我們能信任長時間。在生物中，長時間這種時間模式總會透過共同演化來創造出更隨在場物種與動態而制宜的各方都接受的模式。生態系中，短時間這種模式自然存在著更多衝突：入侵、競爭、新病原體的寄生，而長時間理所當然會抹順這些互動，因為自然選擇（sélection naturelle）[14]只會保留那些最適應勢力均衡的事物。對環境而言什麼是好，共同演化往往是可信的指引：某物種、某動能、某干擾的存在對這環境好，因為這物種、這動能、這干擾與這環境為彼此適應調整了這麼悠長的時光，如今只有彼此編織在一起時，雙方才得以全面盛放。要評估什麼可能對環境有益，這是最基本的一種方式。

設想一個與森林關係的整全視野乃是重中之重，因為這裡要做的，是重整同盟：

14 譯註：亦譯「天擇」。

當我們還在不斷聽到自由演變就是封閉隔絕，意在禁止一切人類使用，保護森林本身不遭人類**任何**形式的利用，我們面對的其實是一種意識形態論述，工業化林業業者大肆宣揚這套論調來讓以下兩者**彼此對立**：重視不同使用方式共存的永續林業選項捍衛者，以及被描繪成厭人類、把人類逐出環境的強力自然保護。我們自然而然地受到這套修辭影響，結果更環保的森林管理的捍衛者就被話術推入了開採主義林業的陣營。我們聽見「強力自然保護是捍衛森林自身以對抗人類」時也是一樣道理：這種說法是錯誤推論，自由演變的火源當然捍衛著森林與人類的種種**關係**，這些關係豐富無比，體現為種種使用森林的方式，這些方式確實不撿拾採集、也不開採利用，但卻澈底是關係性的。

這邊要做的，是將我們研究調查的不懈行動挪進森林的具體脈絡：更加細膩重整政治聯盟。永續森林的敵人，是繼承了絕對化「改良」的開採利用者，他們讓大片森林淪為木材產線，耗竭腐植質，摧殘土壤，幾百萬公頃的森林被他們化約為工業化栽培場，沒有了鳥類，無法自我甦生，也無法甦生周圍土地。一如《森林時代》（*Le Temps des forêts*）[15]這部紀錄片所揭露的，森林在這些人的手中是單一作物栽培，須要殺蟲劑與肥料的餵養，來生產以立方公尺計算的木材。

值得織就的真正同盟身在他方：由捍衛與森林種種外交關係的人、照顧相互依存關係的人締結而成。這同盟如此織就，**抗擊**那些不永續的關係。

目前的情勢很清楚，只要開採利用變得永續，我們的森林就可以繼續供開採利用。居少數的自由演變森林呢，則應當成為如此「永續」的種種面貌之一。所有這些選項可以共同戰鬥，對抗「惡質林業」（malforestation）[16]，阻止生物編織與牠的多樣性遭到摧毀。

15《森林時代》（*Le Temps des forêts*），由方詩樺—薩米爺・杜也（François-Xavier Drouet）執導的紀錄片，二〇一八年上映。

16 譯註：此乃法文新鑄詞，含貶義，意指品質低落，往往只求牟利，對森林的生態與社會面向不屑一顧的森林管理。

不過值得注意的是，這張整合的林地概念圖有雜然紛呈的時間邏輯：每個地方與時間的關係各自不同。自由演變的森林必須以世紀為尺度開展，較受開採利用的森林則有較短的時間性，但依然留心看顧森林取決於其生態結構的自身週期。

如果整座森林是身體，自由演變的火源就是心臟，強大一如藍鯨的心：這顆心往周遭、往接受主動但永續的管理之地，流淌著生命。另類林業選項支持網與Pro Silva捍衛的森林則是肌肉，生產著我們得以在尊重環境自我甦生的前提下採集撿拾的生物量。

如果整座森林是流域，野生森林就是無數泉源，流淌著，滋養著活水水系。樸門農藝的森林—園圃則是彎過來引水的小水渠，乞靈於森林的力量，讓這些力量能夠自我甦生，為人類生產水果菜蔬。

在所有環境、所有方向，重燃燼火。辯論是開放的，還將劍拔弩張，討論給予自由演變空間何種樣貌的一席之地，給予供撿拾採集（就森林而言，好比木材與蕈菇）的環境何種樣貌的一席之地，給予非暴力林業何種樣貌的一席之地，給予有人居住的森林何種樣貌的一席之地。然而，解方只有一個：將這些建基於信任生物動能的不同土地使用方式**整合成**一個聯盟，開始步步為營對抗其他的森林使用方式——那些貶低、摧毀、結構性削弱生物編織的使用方式。這是一聲呼籲，呼籲把人類使用森林的方式有系統地往更永續轉型，並對這些環境中的非人類生命形式投以隨時制宜的顧念敬重。

「改良」的形上學認為：土地的命運是被理性地開採利用，從而總算獲得價值，只有這種土地使用方式是好的。在此，我捍衛良好土地使用方式的多元多樣：一個聯盟，包納了高度環保的開採利用、環境保育、自由演變、再荒野化，它們都位於一個信任生物動能、展現隨時制宜顧念敬重的連續體上，**對抗著所有不永續的使用方式**。

當務之急正是保護我們的棲息地，我們**生物**的棲息地。我們的棲息地就是牠們的棲息地：一種生命形式的家園就只是其他所有生命形式的編織。

保護一種生命形式，就是保護牠的世界。對人類與非人類生物而言都是如此。而且，幸運的是，所有企圖讓不同的捍衛對象彼此對立的人都錯了：這些世界，皆是**同一個**世界。

超越二元對立迷思的再荒野化

我們想讓同盟發揮到極致，就必須面對另一場注定激烈的辯論：如何同時捍衛耕作與農地，以及自由演變荒野動能的回歸？這兩種向量**看來是**天南地北完全對立的啊。

這場辨論在今日的體現，往往是鄉村世界裡圍繞「再荒野化」概念的激烈公開衝突。這個概念具體展現了關於土地未來的針鋒相對。再荒野化：這是其中一個，一如保羅・梵樂希（Paul Valéry）[17]所說，「與其說是說，更像用唱的」的詞。這是其中一個情感承載多過精確定義的字：這些字觸發了本能反應，熱情——或拒斥。

有些人聽到這個詞，就想起對大寫的荒野（Sauvage）那意在贖罪的崇拜，有些人則看見對人類的危險厭惡；有些人視之為回歸純真往昔，有些人則認為是往從未存在的神話伊甸園倒退。有些人從中看見一種報復人類整治的破壞——有些人則認為是在淨化。

其實，再荒野化是保育生物學行動計畫的一個精確技術名稱。[18]但之所以會夾纏不清，是因為這個概念有好幾種涵義，它引發的情感又將它們其樂無比地亂混一通。再荒野化乃是藉由三種行動來甦生、保護群落生境（biotope）[19]的生物動能，這三種行動有時聯合開展，有時單獨實施：保育一顆顆施行自由演變的自然心臟；確保這些心臟地帶通暢相連；再引入關鍵種（espèce clé de voûte）。在一些環境裡，人類

17 譯註：法國作家、詩人、法蘭西學術院院士。

18 應將它與另外一種動能區分開來，這類動能讓一個不再受到整治的環境恢復自發的生態軌跡，例如荒地重新開始生長森林。這種自發現象，我們則稱之為「野化」（féralisation）（參見詩尼茲樂、蕨諾，《野化的自然或荒野的回歸》〔*La Nature férale ou le Retour du sauvage*〕, Jouvence, Genève, 2020）。

19 譯註：生態學術語，指特定環境中的一個自然棲息地或生態系，具有相對均質的環境條件和支持特定生物群落的能力。

活動毀傷了某些生態動能，以致環境遭到簡化，失去了韌性。面對這樣的環境，再荒野化要做的，好比說，是再引入能夠啟動這些生態功能的物種，來恢復環境的複雜程度；另外還要重建由共同演化所打造、卻遭到摧毀的平衡機制（例如，獵食者與獵物間的平衡）。這些計畫一開始可以借助種種形式的生態工程（例如，透過生態工程恢復心臟地帶之間的連接，或再引入當地消失的物種），然而，其最終目的，是要牽成自我調節、自給自足、不需或幾乎不需人為管理的生態系。人為管理減少或完全消失因此是再荒野化計畫成功的標誌。自由演變是這種再荒野化管理的其中一種模式。某種意義而言，自由演變是所有成功的再荒野化計畫長期管理的理想（這理想往往難以企及，但沒關係，環境所恢復的自主，每個部分的效果都已舉足輕重）。

這就是再荒野化的最基本技術定義。大多數的問題點依個別具體情況不同都值得進行辯論。但根本上導致再荒野化各種不同涵義彼此混淆的，是這些倡議行動標舉的明確目的。因為，同一批環境管理工具可以服務於多種目的。最終，統御這些往往沒有闡明的不同目的的，是人類與非人類關係的哲學觀念。舉個例子：所謂的更新世再荒野化（Pleistocene rewilding）旨在再引入與更新世巨型動物群近似的野生動物群落。好比說，同一項中歐混合林再引入野牛的計畫卻可能有兩個目的。第一個目的可說是反動的：打算讓地景回到舊石器時代，因為這些地景體現了某種形式的純潔無染（與「人類的存在在本質上污染了世界」的厭人類體認相對），又或是體現了某種形式的墮落前（意指人類開始摧毀一切之前）的神話時代。但這同樣的計畫卻也能不反動、不厭人類、不貴古賤今：再引入野牛可以意在重建曾作為這個環境生態路徑的穩定機制、而發揮過重要作用的種種共同演化，來重燃森林環境的動能。一項再荒野化倡議行動的意義取決於計畫的哲學立場，這立場對生態系管理、特別對倡議行動與再荒野化計畫直接影響的人類集體維繫的關係，有舉足輕重的實際影響。這類計畫能不能為社會接受全繫於此，社會不接受的話，計畫再怎麼有生態意義，都注定失敗。

我們可以據此藉著再荒野化針對人類在「自然」中位置的、往往並未言明的哲學立場，來分辨出三種再荒野化。首先是我在這裡呼之為「厭人類」的再荒野化。它預設人類一切的行動與存在，本質上都是污染：弔詭地，它建基於一種絕對的二元論——人類擁有與「自然」**不同**的本質。它就只是顛倒了污名：現代二元論中，人類的不同是被揀選出來的，拉抬我們凌駕非人類之上；此處，人類的不同則是一種咒詛，一種墮落。企圖重建純潔無染的環境，乃是意在否定人類的一切存在、一切活動。

我稱之為「貴古賤今」的再荒野化呢，則奠基於「環境應該符合的、本質上的好狀態，是把環境開始拿來耕作、人口開始增加的新石器革命**以前**，生態系展現的狀態」此一觀念。它奠基於一種詭異的人類學：唯一與「自然」**同樣**性質的人類形式，是新石器時代以前的形式（形象是往往只存在於幻想裡的狩獵採集者，想像中，他們與自然「和諧共處」）。循此脈絡，這種對人類的設想令人參不透的觀念，乃是新石器時代作為誕生了文明的事件，讓人類在本體論上有了不同，而人類也承襲了這種差異：這種差異甚至改變了人類的本質。這套人類學的迷人弔詭，是它重新挪用了現代人（Moderne）殖民人類學最惡劣的回憶，這套殖民人類學將人類區分為**非屬**自然的文明人，以及本體論上離文明人較遠、離野生動物較近的「野人」——這個機制當然幫忙合理化了奴隸制、掠奪、剝削與殖民。然而，又一次，奠定這種貴古賤今再荒野化的人類概念顛倒了污名。這種對人類的設想讓文明人成了本質上有罪、不純潔的人類形式，而昔日的「野人」則成了唯一純真無邪、值得捍衛的人類形式，因為「野人」與「自然」渾然一體。結果，這種設想因而就把生態系在文明——也就是新石器時代農牧業——的起源神話出現以前的樣貌，標舉為生態系應該要有的樣子。[20]

如此一來，這兩種立場就只是跟現代二元論顛倒對著幹。它們與現代二元論大同小異。它們號稱戰勝了現代二元論，卻反而延續了它。

當然，任何再荒野化計畫都不會明目張膽或一板一眼地奠基於我們方才勾勒的兩

---

20 關於這一點，可參見埃里克．隆格倫（Erick J. Lundgren）等，〈引入的草食動物恢復了晚更新世的生態功能〉（Introduced Herbivores Restore Late Pleistocene Ecological Functions），發表於二〇二〇年四月的《美國國家科學院院刊》（*Proceedings of the National Academy of Sciences*），第117卷，第14期，頁7871-7878，DOI：10.1073/pnas.1915769117。

種人類學：再荒野化的具體計畫中，這兩套人類學通常比較可能以衝動、本能反應、未經審視的情感之姿占有一席——有時是超級大一席——之地。要斷定再荒野化的論述與實踐是否允當、批評它們誤入歧途、導正它們的能量，我們該在這些論述與實踐裡追蹤的，正是這些錯得離譜的人類學幽靈。

如何藉「信任生物動能」概念之助，設想再荒野化？前述調查研究的成果讓我們能提出第三種類型的再荒野化，這種再荒野化的基礎，是對人類在生物世界位置的新認識。

此處我們捍衛的取徑，沒有對純潔無染自然的崇拜，並不渴望歸返舊石器時代：每個環境都繼承了一段編織了地質、氣候、演化、人類行動的歷史。要做的不是企圖把環境帶回人類行動以前的往昔，而是**此刻起**放任它們依各自並未殘損的自主動能發展：沒有無用水壩、我們任其呼吸的自由河流；我們任其老去，不在牠們的青春期「收割」的，輻散種種生命的森林。這是從牠們遭到開採利用的過去開始算起：牠們有沒有「純潔無染」不重要，牠們的來時路不重要——有意義的問題，是當我們解放牠們、任牠們表達與生俱來的力量時，牠們現在**要走向**何方。很簡單，給牠們時間與空間自我表達就好了。

這種再荒野化建立在以連通管原則運作的二元論地圖以外：如此的再荒野化不是為了損人類以利「自然」，而是為了人類也躋身其中的生物共同體。就此意義而言，我們不妨將它命名為「休戚與共的再荒野化」（réensauvagement solidaire）。

那麼，這種休戚與共的再荒野化，第一要務就是甦生環境種種自發運作的功能。依闊學的定義，再荒野化「嚴格說來什麼都不用**做**」。只要把我們以前毀傷了性命攸關的生態動能之所為（好比說，無用的水壩）**撤銷**掉就好了；還有，要**重建**[21]那些我們昔日的肆虐所摧毀的。舉個例子，「臨門一小腳」行動再引入遭到根絕的物種，好比深耕河流的河狸，還有環境的大醫生——禿鷲：牠攝食腐屍，在自己的身體裡以

21 譯註：此處「做」、「撤銷」、「重建」的原文分別是faire, défaire, refaire，文字上頗具匠心。

一已消化之力消滅病原體，從而淨化環境。

在再荒野化中，我們並不再生生物——我們已經看到，這我們其實辦不到：我們點燃生物自我甦生的自主力量。我們放手讓生物展現自身的韌性。我們設置最低限度、精微細膩、不事張揚的環境條件，讓生物重新盛放活力。

就這層精確意義而言，再荒野化不是「橫眉冷對千夫指」的純粹主義立場，而是環境保護鏈中的一環，與永續的農林開採利用形式、更有規劃的保育形式締結同盟。

化解再荒野化與農人世界的衝突

在農人世界，反對再荒野化的立場往往如此表述：反對再荒野化就是捍衛農人的土地與文化，遏阻再荒野化將土地據為己有；這種講法裡，再荒野化很自然就被誇張刻板描繪為某種金融化資本主義的形式，意圖神聖化未遭開採利用的土地（我們已經瞭解，這不符合我們於此捍衛的再荒野化形式）。這樁衝突還動用了被標舉為行動雙方的社會學刻板印象：「環保分子」（écolos）[22] 對上「庄腳人」（ruraux）。例如，這個衝突體現在狼的問題上、荒野自然保留區的問題上、害蟲治理上。這衝突都市人往往看不見，卻在許多鄉村地帶、尤其是山區，悄悄形塑了法國土地的未來之辯。

為何鄉村世界似乎要跟再荒野化拚個你死我活？鄉村世界裡，有些人聽到這個詞，就看見對至高荒野的崇拜：捍衛野蠻，對抗「犁耕出來的文明」；捍衛「撒手不管」，對抗整治——換句話說，是在質疑農人幾世紀以來使命的某種詮釋，「把土地拿來耕種，從而救土地離開它原初的野蠻」的這種詮釋。再荒野化因此就與倒退的概念相繫相連。但我們如今已可以理解，這種把土地拿來耕種的文明開化觀是「改良」形上學的意識形態產物：它的形象濫觴是開荒拓土的主教這個角色，這位拓荒的主教將有害健康的沼澤轉變成農地，從而完成土地的命運。耕種土地無庸置疑養活了人群、清潔了傳播疾病的環境，然而還是一樣，應當批判的是：絕對化這種「使之有產

22 譯注：écolo為法文中對環保人士的俗稱，是écologiste的簡寫，依不同脈絡而有親暱、幽默、揶揄、輕蔑、貶抑等意味。在臺灣的語境裡，或亦不妨譯為「環保魔人」。

值」的概念，要求所有土地都與之看齊。

鄉村世界與「環保分子」的衝突還有其他動機，尤其是社會學層面的，包藏在往往滿腦子全球化「環保」論述的新遷入鄉村者，與從未離開鄉村的居民，兩者的生活形態差異。[23]不過我認為，讓這種對立具體浮現、乃至八風吹不動的，是言辭與態度之中，二元論的遺緒。

我們已經描述了這種二元論的不同機制。這邊我們要關注的，是它連通管般的運作方式：二元論中，但凡支持野生就是反對馴養，反之亦然；給予這廂的一切，都是從那廂奪走的。

這種二元論的傳承為鄉村世界與「環保分子」之間築造了強烈的對立，為開採主義式的開採利用鋪開了康莊大道。開採主義式的開採利用打算炮製分化然後各個擊破，一下子藉著與農人結盟對抗「環保分子」（例如，狼的議題上，法國全國農會聯盟〔FNSEA〕就與農民聯盟結成同一陣線），一下子又扭曲然後挪用捍衛自然環境的口號。

我們該做的，是學著從再荒野化與小農生態農業相互依存關係的角度看事情。我們已經看見，一旦我們重新更加準確描述雙方的實情，二元對立的衝突就不攻自破了：一方面，我們拒斥了鄉村世界批判得很有道理的厭人類再荒野化，轉而捍衛一種休戚與共的再荒野化，這種再荒野化並不一概反對所有人類活動，而是捍衛遭不永續開採利用毀傷的生物自主動能的回歸，這對大家都有益處。另一方面，我們揭示了，永續農牧業倚賴的正是這同一些生物動能、同一種對這些動能的信任，這是這種再荒野化的特徵。因此，這休戚與共的再荒野化與永續的小農農業，這信任的農業，彼此就是盟友，共同對抗所有工業化地讓生物動能為之工作的形式。

然而，在土地使用方式的問題上超越二元論，並無法神奇地解決所有衝突，獲致春暖花開的和諧。但這能達成另一件事：剝掉這些衝突披著的廉價哲學金裝，脫光它

23 譯註：此二類人士的衝突在法國時而成為花邊新聞，如新遷入鄉村的前都市人指教當地實施慣行農法的農人應轉作有機等。

們，直到露出它們最後剩下的真實動機。這有兩個目的：一方面，移動前線，迎擊真正的對手，減少不必要的敵人。另一方面，挖出隱藏在闊論高談底下的真正衝突動機：一旦我們祛除了二元論的幽靈，講白了，農牧世界與再荒野化的衝突騰餘下來的，是地權的角力：爭奪土地所有權與土地使用方式的爭鬥。土地屬於誰，比例又如何分配？是要共享空間嗎？我覺得共享空間可行，但不是二元對立的劃分，而應該劃分為整合的大區塊，其中有一顆顆自由演變的小小心臟（如小農農場裡的樹籬或池塘），這些心臟應占適當比例（另類林業選項支持網就提出在自身森林裡留出百分之十給這些心臟）並以生態廊道彼此相連——但最重要的，是這些心臟必須與環境裡其他的土地使用方式緊密編織在一起：與永續、小農、高度環保、在社會經濟面帶來解放的開採利用區塊周邊相繫相連……

因此，土地分配的問題，是剩下的爭執點，是對話還有具體的在地妥協那劍拔弩張的空間。超越了私人團體的爭鬥，應當引領這顆「起糾紛的金蘋果」(pomme de discorde)[24]、同時得以將之轉化為結實累累的爭議的，是一場集體而民主的辯論，主題是各個地區希望自己走上哪些**轉型路途**。但，將這樁衝突披上「兩個『世界』、兩種水火不容的價值體系之間的交鋒」這套哲學金裝已經不再合宜：這麼做就不實在了，重點已經不在那裡了。

然而這並不是說，照這方法做，此後就世界大同。農人世界與保育界針對永續開採利用區塊與保育區塊的矛盾仍會繼續，但以後就是陣營裡自己人的爭議了——另外，這個聯盟有能力眾志成城抗擊所有不永續的開採利用。

現實裡，如此的聯盟很可能正在某些在地行動者之間形成。好比說，法國野生動物保護協會與德龍省農民聯盟在對話時得以將雙方真正的敵人、也是共同的敵人形諸言辭——這個敵人其實是土地人工化，它既讓農人的土地與文化難以維繫，也削弱了

24 譯註：典出希臘神話。糾紛女神因宴會沒人揪而火大，在會場留下要「獻給最美麗女神」的一顆金蘋果，引發三位女神之爭，從而導致了特洛伊戰爭。後常以「起糾紛的金蘋果」代指爭點、引發爭議的事物。

對生態系的保護。[25]同樣地，環境與小農農法所遭受的關鍵破壞，都聯袂來自依賴石油、過度機械化、開採主義、種植單一作物的大型種植園。超越土地使用方法的二元對立，靠的是簡單而具體的行動，辨認這些行動的特徵是它們都依附於其他種種分界線：例如，法國野生動物保護協會正在考慮如何處理下述情況：當捐贈者捐贈農地給該協會，讓該協會保護當地野生生命，要怎麼做？再荒野化在大部分這種情況中恐怕一點意義也沒有。優先可以走的一條路，是與那些為投入具體啟動對生物動能信任農業的小農獲致土地而戰的協會——好比說，我們能想到「繫連之地」（Terre de liens）協會[26]——共同管理這些空間。這類的合作哪怕侷限一地，對鞏固再荒野化與高度環保農業的同盟也都非常關鍵。

要重燃生之爐火，對抗開採主義的開發利用與二元論神聖化，我們必須捍衛「再小農化」（repaysanner）與再荒野化這兩項相輔相成的計畫。[27]

25 這方面請參「邁向共同農業新政」組織針對農地與「野生」環境同時人工化的影響，提供的統計數字：pouruneautrepac.eu/comprendre-la-pac/reformer-la-pac/。

26 譯註：法國的一項公民運動，始於二〇〇三年，旨在促進農地的永續管理和生態友善農業。該協會購買農地並將其租賃給有機或生態農業農人，以保護農地免受地產投機和農地人工化的威脅。

27 某種程度上，這就是結合了英美保育生物學所稱的「土地節約」(land sparing)——將某些空間「保護」起來，以及「土地共享」(land sharing)——在受保護區域以外，與現有的生物多樣性共存。

結論：
自我捍衛的生物

CONCLUSION : LE VIVANT QUI SE DÉFEND

本書圍繞著「生物之為應當捍衛的世界」開展。但有人或許會質疑我們：為什麼到生物就停了，為什麼不再擴大？為什麼應當保護的不是宇宙、地殼與地核、雲朵、氣候、海洋的每顆水分子？

為什麼在**這樣的**「應當為之而戰的世界」觀點中，我們首先是生物，而不是一坨坨原子？為什麼應受捍衛者結成的共同體始於生物這個大家族？

因為，隨著生物登場，在乎著什麼的一個個存有才開始出現。[1]這是宇宙中的一場本體論大革命：生物出現以前，只有石頭、力量與氣體，它們對自身的存在漠不關心。沒有生命的星球沒什麼好保護的，因為沒有生命就沒有苦痛：一顆小石頭、一粒光子或一顆原子，一切生物以下的存在，對任何事物都無所謂。有了生命，才浮現了在乎某些事物的存有；正因如此，我們有理由從這個點開始我們的看顧與捍衛行動。大約三十八億年前，在已知的宇宙中，生命出現了，在乎、珍視某些事物的存有——小至細菌、大到鯨魚的生物，就此誕生。隨著生物問世，**重要性**也誕生了。我們這些身為人類的生物當然是一坨坨分子沒錯，但我們這些分子團擁有與其他生物共享的，

「什麼事物重要」的覺知。[2]小石頭漠不關心自己是在您鞋裡、在太空還是在山頂；最小最小的細菌卻受其所在處影響，並主動將之打造為牠的生存環境。對細菌而言，

1 關於這一點，參見康吉萊姆，〈生物暨其環境〉（Le vivant et son milieu），《生命的知識》，Vrin, Paris, 2000 (1952). 伊莎貝勒・絲坦傑（Isabelle Stengers）從她對阿爾弗雷德・諾斯・懷海德（Alfred North Whitehead）的閱讀中，以絕妙的方式表述了類似的直覺，見其著作《文明化現代性？懷海德與常識的反思》（*Civiliser la modernité? Whitehead et les ruminations du sens commun*）（Les Presses du réel, Dijon, 2017），尤請見140至142頁。

2 多馬・葉昂（Thomas Heams）在他的重要著作《次生命》（*Infravies*）（Seuil, Paris, 2019）中，質疑了有機與無機之間的截然二分，並引入了一個重要的過渡地帶：次生物（infravivant）。在本體論的角度上，他是對的，確實存在著一個介於細胞生命與無機物質之間的「次生命」廣袤邊界地帶；然而，這些區分不應被絕對化，它們應該是針對特定問題的工具。雖說我們不應該將生物限縮為細胞生命，而應將其拓展至這個次生命世界，但寄希望於這些發現來宣布有機與無機之間本質上並無二致，「萬物皆有生命」，哲學上卻是錯誤的。次生命的存在並不否定非生命的存在：無機物質確實存在，而且在已知的宇宙中占絕大多數，它沒有生命；不過，確實存在著一個豐繁廣袤的次生命灰色地帶，不是細胞生命卻圍繞著細胞生命，並使細胞生命成為可能，這一點我們輕看了。當我們深入探討到小於細胞的層次，宣布生命從哪裡開始仍然極為困難、甚至不可能，但在這裡不打緊：只要屬於生命，就關心自身的存在。

譯註：Infravie與infravivant為葉昂新鑄之詞。Vie與vivant分別為生命與生物，而infra-則為源於拉丁文的前綴，意為「低於」，與ultra-（超越）相反。如infra + rouge（紅）= 紅外線（頻率低於紅光）；ultra + violet（紫）= 紫外線（頻率超越紫光）。

個體與群體的好與壞是存在的。氣體和分子化合物不會有壓力；植物卻會有壓力，這已有豐富文獻記載。[3]這種壓力雖然與人類哺乳動物的壓力不同，卻是後者壓力的親戚——親戚兼**外星人**。[4]無論細菌或植物是否「意識到」牠們的生存狀態或是否「知道」這些狀態（這兩者都是無效的擬人化概念），牠們對環境是敏感的，牠們應對環境，能夠在環境中**繁衍**，這種小小的差異使牠們截然不同。這是生物在宇宙中獨樹一幟之處，因為99.999%的宇宙質量是由對任何事物都無所謂的一坨坨無機分子構成的。正因為有些事物重要，才有一個應當捍衛的世界，才有種種奮鬥的理由。我們與星星共享的是同樣的原子物質（我們的分子來自於星星），我們與生物共享的卻是一個**家庭**，換言之，我們有共同的祖先、共同的脆弱、共同的命運。

不可思議的是，如今我們依然看見，生物仍然損身折翼淪為會計類別的生物多樣性，在政治上淪為次要、幼稚、不必認真的問題。我們必須捍衛生物，因為這很重要：這更是**重要性本身**，畢竟是**生物**在宇宙中創造發明了重要性。

然而，我們不應當過度嚴格，把山巒、河流與土壤排除在生物之外：因為，石灰岩山巒的無機物質由昔日的生物骨骼組成（而這無機物質來自更遠的星星）；同樣的水從河流流入我們動脈的血液中；樹木堅硬的木材源於空氣中的碳。無機物質在生物圈這個生物的代謝裡循環流轉。無機環境融入了生物，這些環境構成了生物。本書所捍衛的生物動能，正是那些使無機元素在生物世界循環流轉的力量：它們宛如氧氣給了火燄生命，餵養火燄，形塑火燄的種種可能。氣候、岩石、河流正是以棲息地、以群落生境、以如此的生物代謝循環捕捉的元素——生態學中，我們稱之為「無機環境」（conditions abiotiques）——之姿，潤物細無聲參與著如此的戰鬥與保育中。無機

3 關於這一點，可以參考丹尼爾・查莫維茲（Daniel Chamovitz）的重要著作《植物與其感官》（*La Plante et ses sens*）, trad. Jérémy Oriol, Bucher-Chastel, Paris, 2018.
譯註：本書有臺譯本《植物看得見你》，王翎譯，麥田出版。

4 譯註：「親密外星人」概念詳參作者另一著作《生之奧義》。茲引選段以略得其情：所有生物對我們來說，都是親密的外星人（alien familier），這邊是取古法文的意思，在古法文裡，familier 這個字是指：牠們是家族成員，但牠們的相異性在某些方面無法消滅，宛如另一顆行星的文明。當我們來到動物附近，如此的直覺偶爾會閃現：我們可以接觸到另一種不同於我們的生命方式，好比說，狼的生命方式，同時卻不縮減這樣的陌異感。我在概念上稱此為「陌異的親緣關係」（parenté alienne）或是「親密的外星人」的母題。

物以這些關係構成了一個個生物群集：這些關係並不架空離地，而是由空氣、氣候、岩石與水織就。「一起拯救氣候！」這句示威口號因此是個不恰當的借代：氣候什麼危險都不會有，我們必須不遺餘力與氣候變遷戰鬥，捍衛免受氣候失序威脅的對象，是生物。無機世界與生物世界隱微難辨地彼此交織，而在這編織中，生物懷著殊異的特質浮現：牠們關心自身的遭遇。這是牠們在宇宙中別具一格之處，牠們的本體論特色。[5]

以生物作為應當捍衛的單位，澈底改變了我們慣稱的「自然保護」。在這以前，保護「自然」只是「環保分子」、「動物愛好者」(amis des bêtes)等一小撮人的心頭事。這些圈子以外，直到最近都很少有人在乎，原因自不待言：依據我們的二元論傳承，「自然」就是一切不是我們之物，是我們人類的對立面，外於我們之物，甚至是因為我們存在而污染之物。如果是這樣，何必覺得自己與此有關呢？自然保護位列個人愛好之屬，有人癡迷自然，正如有人對汽車或集郵一往情深。

然而，一旦我們瞭解，該捍衛的並非二元論的「自然」，換言之，並非（與遭到開採利用相對的）未遭染指的完好，並非（與人工相對的）純粹與真實，並非（與馴養相對的）野生，並非（與此處相對的）「遠方」，並非與泛稱的我們人類對稱的那個外物——保護自然會變成什麼？一旦我們以生物作為應捍衛的單位，保護自然會變成什麼？屆時，**誰**會牽涉其中，又是以哪些形式？

要回答這些問題，就必須在這裡了結掉最後一個二元論的面貌，還是基礎建設等級的：把人類與「自然」對立起來的二元論。

5 如今，對於我們對我們的世界做的一切，現代人的罪疚感強烈到大規模引發一種政治衝動，這種政治衝動起先是為了解決人類間的不公不義而創造發明出來的：包容與平等的衝動。在這種衝動的驅使下，有人可能對我的言論感到不快，認為裡頭有某種對「可憐的」石頭、雲朵、臭氧層的歧視。我並不是說它們毫無價值，這裡不是要分發登價值論實質之堂的感應磁扣，而是要勾勒出盟友的陣營，劃定最基本的政治單位。要政治化雲朵、岩石與技術物，賦予它們重要性，方法有千萬種，也都很必要，但無法解決我在此提出的具體問題。關於這種奇怪的平等主義，不妨參考珍・班尼特（Jane Bennett），《充滿活力的物質：物的政治生態學》（*Vibrant Matter : A Political Ecology of Things*）, Duke University Press, Durham, 2009.

纏擾祟亂我們的這個幽靈

二元論沒人相信，卻是纏擾祟亂我們的幽靈。它不支配我們的私人生活，也不統御我們的真實經驗；可是，一旦我們進入衝突，開始講話（畢竟它已壟斷了語言文字），一旦我們絕對化我們的種種對立，安排優劣主次卻忽視現實的曖昧模稜，一旦我們被某個異者困擾，被某種不確定性動搖，二元論就啟動了。二元論不是嚴格意義的形上學，不是一種世界的體系：它是一種權力機制，面對世界的複雜與模稜，我們憑著二元排除取勝，它讓我們不以相互依存的角度觀看，讓我們蜷縮進自己的陣營裡對抗其他陣營，讓我們把種種利益彼此對立，直至成為贏家或淪為受害者。正如李維史陀（Lévi-Strauss）[6]所言，二元論並不是一種「世界秩序的客觀面向」（aspect objectif de l'ordre du monde），而是文化「在其邊緣」樹立的一種「防禦工事」，因為文化自覺太過弱小，怕自己遭到吞噬。這是一種思維的僵化，是恐懼的絕對化表現。依據李維史陀這番話，我們必須對二元論進行動物行為學而非形上學的解讀。二元論是一種僵化事物、過度強調事物差異並為之排出等級階序的衝動，源於我們的恐懼，恐懼被自己貶抑的異者威脅。此處針對的二元論，是一種小小的動物行為學現象，在一個社會裡被制度化為形上學的分類。這便是它如此難以撼動的原因。

然而，或許有人會認為，像我們在本書所做的這樣把開採主義農業與信任生物動能的生態農業對立起來，就復辟了某種二元論，畢竟前述的做法也是將事物判然二分。但脫離二元論不代表要放棄一切區辨——換言之，放棄思考——而是代表要對區分有新的理解：將之領會為問題的周詳解方。哲學意義的二元論遠不只是兩種事物之間的概念差異，而是某種古老區分經過絕對化的殘餘。它是杜撰出來相互衝突的兩個對立陣營。它是某種在其他情況曾能派上用場的古老而並不普世的區分，經過物化、提升為我尊你卑、彼此排斥的戰爭後的產物。[7]人工與自然之分只要不遭絕對化，不

6 李維史陀，《親屬的基本結構》（*Les Structures élémentaires de la parenté*）, De Gruyter, Berlin, 2002 (1967), p. XVII，一九六七年版序言。

7 這點請參見史迭梵・馬德希鄂（Stéphane Madelrieux），《約翰・杜威的哲學》（*La Philosophie de John Dewey*）, Vrin, Paris, 2016.

被擄進帶有等級階序、兩造遵循連通管原則彼此排斥的二元論裡，便確實有其用處。同樣道理，「野」（sauvage）這個美麗的詞如果單純是個悠然無傷的形容，它就是有用的。因此，要做的不是摒棄某些詞，或一概摒棄「自然」這個詞；必須摒棄的，不是自然這個詞的**一切**用法，而只是**其中一種**用法——充滿了自然／人類、自然／文化二元論的意涵與指涉的那一種。

有些人或許會認為，超越二元論就是走入一元論（一種統一的形上學，主張一切都擁有相同本質）：「我們全都是自然」。但這完全不是我們這裡進行的哲學操作。於此超越二元論，不是進入一元論，因為這不是一場涉及現實本質的形上學辯論，而是意涵崇高的政治辯論，討論我們針對「對一個集體來說，何者重要」來操作、啟動權力關係時，使用的大分類。超越了二元論後，並不是模糊不清、一片汪洋的一元論，而單純是對具體情境有所覺知的、更細緻的種種分類，是未經本質化的種種區分，安於成為具體問題的周延解方，而非被絕對化成了真理的抽屜來把世界收納進兩個匣子裡，其中一個是本體論的垃圾桶（自然／文化、身體／心靈、荒野／人工，其中各有一個是垃圾）。

要改變政治衝突的格局，有時必須操作形上學的細膩差異。超越二元論確實重要，更換地圖刻不容緩，是因為這張二元論的地圖導致了攸關生死的窒礙，讓集體行動陷入困局，新的地圖則尋求解除窒礙，重新規劃安排，好讓我們能在政治與實踐上都能行動得更適切。這裡最根本的目的是展示，形上學的層層推敲——亦即選擇「生物」這個操作準據為共同點來超越人類／自然的二元論——如何得以解決徒然樹敵的問題，從而重新劃分不同土地使用方式的政治同盟。廢棄我們所處的二元論地圖，改變盟友與敵人的分布，因此正是一個以田野現場哲學工作為出發點的政治行動。

從人類到生物

那麼，讓我們言歸此問：一旦揚棄了人類／自然二元論，保護自然變成了什麼？變成了重燃生之燼火：為恢復生態演化動能的活力與完滿表現而奮鬥。重燃生之燼火就只是我們在超越了對「自然」、保護、二元論的信仰後，對我們昔日稱呼的「保護自然」的重新描述。但如此的重新描述必然重新形構實踐。此前我們看到，如此的表述匯集三個哲學關鍵；此刻，我們的思想旅程即將告終，我們完全有能力領會最後一點包納的範圍與意義，是時候在此回顧這三個關鍵了：首先，生物不是大教堂，是火。因此，我們不能家父長般保護那大於我們的存在：我們只能恢復牠自身自主甦生的條件。最後，我們並非以人類之姿保護一個名為自然的異者，而是以生物之姿捍衛生物，也就是說，捍衛我們多重物種的生活環境。

留著「人類」當單位來指稱那些捍衛自身世界的個體，確實會有問題。這麼做的話，無意中就復辟了二元論，而正是這二元論引致我們自覺與生物世界無關。順此一提，我們如今在某些位列永續人類中心主義的當代主流環保立場中，就看見這種情況發生：這些立場捍衛人類保護自然的重要性，但仍將自然設想為資源庫，而要做的是對這資源庫施以更理性的保護與管理，使我們的生存免遭威脅。各個極點原封不動：就只是管理得更謹慎，以利未來世代罷了。永續人類中心主義中，二元論未被超越，僅僅被整治而已。

二元論這種八風吹不動的特性也可在「自然保育」的範疇裡觀察到。好比說，哲學家薇菊妮・馬希（Virginie Maris）就主張，要指稱荒野自然，自然作為「異者」的概念是適當的本體論類別。她的理論計畫強而有力之處在於其真正打破了現代二元對立特有的等級階序；然而，她同時也維持了人類／荒野自然這兩大對立陣營的二元分立。[8]但我們已經看到，要讓捍衛排除了開採利用與撿拾採集的自由演變環境變得合情合理，沒必要重新動用本體論上的二元對立。考慮到二元論流毒的遺緒，延續二元對立可能更加危險。而且我認為，為了合理化自然保留區的存在、合理化荒野環境的保護而重啟二元論，哲學上是不符比例的。

如果應當超越的是二元論本身，我們就不能省略哲學人類學，亦即不該省去這問題：人類相對於其他生物是什麼？因為，其他生物是異者沒錯，卻是**有親緣關係的**異

8 參見馬希，《世界的野性部分》, Seuil, Paris, 2018.

者。我們既要捍衛牠們活出自己、也就是活出雜然紛呈的自主生命形式的權利，還要肯認牠們不是自己獨立一個界，因為**我們**也不是自己獨立一個界。生物世界是由種種異者連綴、相依、編織而成。

如果我們不再設想自己是面對「自然」的「人類」，而是眾生物中的生物，我們就不再把自然當成野性異者、當成脆弱資源異者來保護：我們捍衛我們同樣躋身其中、維繫我們生命、創造了我們的生物共同體。捍衛生物，就是爆破如下的偽選項：被迫先入為主、以偏概全地，在自然與人類之間選一個。而當然，爭奪優先權的在地衝突仍會浮現，但形構這些衝突的角度已截然不同。

人類於此必須設想為眾生物中的生物，但擁有他一切不可縮減的獨樹一幟之處——照顧的力量，毀滅的力量，獨一無二的規劃之力，以及其心盲眼瞎之力。

說人類是生物共同體的成員，並不代表人類是自然的一部分，這不是回到包含一切的自然那渾融於一的一元論，因為如果**一切**都是自然，就什麼都不用保護了。而「人類是生物共同體的成員」這種說法與此完全不同，是捍衛我們多重物種的生活環境。

保護自然不是環保分子的嗜好，而是我們與世界關係的名稱。然而這不是在「保護」，對象也不是「自然」。而是，捍衛創造我們、構成我們、時時刻刻維繫我們生命的親戚們的動能編織。無論誰對我們有用沒用，都捍衛如此的編織。接受種種轉型路途，捍衛這些路途蘊含的各種演化潛力、各項平衡機制。

生物不是物的範疇，而是我們身屬其中的世界共同體：永遠不可能是外面，我們身在其中。我們是自我捍衛的生物。

誰令世界宜居？

此處的關鍵，在於重新定義我們與生物世界相互依存關係的本質。確實如此，如今眾口一致公認人類依賴生物圈。然而，這樣的覺知有益卻相當侷限，因為它離不開二元論。當然，人類不再被視作抽身於環境之外，但這個環境仍是周遭、是外部，被制定為今後為了我們的生存，管理手法必須更永續的資源庫。但真正的相互依存更為深刻。我們不妨用一個簡單的問題表述它：誰創造了讓我們活的世界？看看我們身邊。假設您身在都市。您日日生活在一個全由人手所造的環境之中：建物、道路、運輸、車輛、照明、加工食品。一切都令我們以為，是啊，把地球打造得宜居的，是人類的技術才華、勞動與智識。這講對了一部分，但最主要的貢獻者身在他方。這種日常的都市經驗掩蓋了一個事實：讓地球變得宜居的不是我們——而是其他生物。都市創造了某種遺忘，某種隱匿，某種障眼法，讓我們將人類創造都市這個宇宙的經驗挪移到整個地球上。來做個思想實驗。想像我們猝不及防消除其他生命形式為使世界宜居而做的事，人類會經歷三次死亡：九十秒內，缺氧而死；三天之內，缺乏飲用水而死；三星期內，缺乏食物而死；接著，地球方方面面都將無法居住。所有保護我們的衣裝都是由生物或碳氫化合物做的，而後者來自成為化石的生物；所有運輸都燃燒著源於古遠生物的能量。

誰創造了讓我們活的世界？植物和浮游植物，細菌和病毒，蚯蚓，土壤動物群落與授粉者，總的來說，由一個個來自堅韌健康生態系的生物群集所確保的生物動能。[9]我們之中，又有誰在自己個人日常的宇宙論中，整合進「許多時候，保障讓我們活的水循環的雲朵，是由極端環境的細菌群落負責產生的」[10]這項事實？風暴雲（nuage d'orage）中的每顆雹都窩藏了幾乎與河流同樣豐富的細菌生命。這些細菌牽成了水蒸氣形成各種液體與固體狀態（hydrométéores），確保了降水。風暴雲是這世上數一數二極端的棲息地，種種生命形式卻居住其中，「製造」了風暴雲，這些生命確保降水循環，讓水回到河流、地下水層與我們杯盞之中的能力，遠超我們理解，解我們的渴。[11]

9 有關生命為了使世界宜居所做的一切，詳細清單可參提摩希・連頓（Timothy M. Lenton）、莒楚爾，〈蓋婭的確切角色是什麼？〉(What Exactly Is the Role of Gaia?)，收錄於布魯諾・拉圖（Bruno Latour）、彼得・魏貝爾（Peter Weibel）編，《臨界區：登陸地球的科學與政治》(*Critical Zones : The Science and Politics of Landing on Earth*)，MIT Press, Cambridge (MA), 2020.

10 某些微生物——形成冰晶的細菌，具有促成大氣形成冰晶的能力。這些冰晶會集中水滴，從而形成雲朵。關於這一點，參見T. Antl-Temkiv、K. Finster、T. Dittmar、B. M. Hansen、R. Thyrhaug、N. W. Nielsen等，〈冰雹：一窺風暴雲中的微生物與化學物質清單〉(Hailstones : A Window into the Microbial and Chemical Inventory of a Storm Cloud)，*PLOS One*, 2013, 8(1), e53550, doi.org/10.1371/journal.pone.0053550.

11 既是這樣，我們又為什麼沒有為每一口我們喝的水，對這些細菌抱持理所當為的感激？我們繼承了一套我們這些身為生物的人類，若「宜居」代表「對我們來講舒適」，是可以幫忙讓世界更宜居一點沒錯；然而，若「宜居」意味著「讓一切生命形式得以生存」，我們並無法造出一個宜居的世界。吸積（accréter）[12]形成了我們稱為行星的物質球，把這樣的物質球打造成世界的，是生物的作用：我們居住在其他生命的作用裡。讓地球宜居的工匠不是我們，而是其他生物。保障了世界宜居的，是牠們——共生真菌和光合生物、昆蟲和草食動物公會、膜翅目昆蟲和鳥類、土壤中的彈尾目節肢動物、[13]病毒和細菌——的編織。是牠們撐起了這個世界，讓世界有能力庇護我們、餵養我們、療癒我們——我們和其他所有生命。[14]

我們常在講，當代人與自然「失去了連結」，尤其是都市人，更是「遠離」了自然。這種老套的講法在此能獲得實質意義：失去連結不是地理位置遠離的問題，也不是愛不愛的問題；「比起生活裡接觸自然的人，都市人不愛或比較不愛『自然』」的說法是不對的。都市人因為生活在從地板到天花板都有人手烙印的地方，於是比較會忘記我們的世界是如何維繫的，這個由生物四十億年的演化編織而成的世界，而生物處處都在，讓世界得以長存。如果「與自然失去連結」這種講法有意義，首要的意涵便是：遠離了對誰真正造出我們世界的感受力。真正創造了春天的，是授粉者；讓作物年年重生的，是土壤動物群落，農人的勞動僅是次要的；牽成氧氣生產的，是所有野生植

形上學範式，這範式讓我們面對並非出於意圖的饋贈時，不可能心懷感恩。這是一神論傳承的一部分：一切並非存心為之的饋贈都不被視為饋贈，而被看成白送的、幾乎是本來就欠的，是某種屬於物質的東西，在那裡就是要讓我們占為己有的。讓對那些使我們得以生存、並非存心為之的饋贈的感恩成為可能，就是爆破我們與生物世界關係裡的一道關鍵障礙。

12 譯註：吸積在天文學中描述的是行星、恆星和其他天體的形成過程。當星雲裡的氣體和塵埃因重力相互吸引、聚集，便逐漸凝結形成更大的天體，如行星與恆星。

13 譯註：collembole，通稱跳蟲。

14 不過我們不該把此情此景美化成一團和氣：生物確實讓世界變得適合當今的一個個生物群集居住，但不是秉持一致共識而為。某些生物因為其他生物造成的效果而消失，生物群集的演化路徑總是會有某些族群與物種衰落，其他族群與物種興盛。所有生物共同呵護的巨大政治共同體並不存在，存在的只有各種路徑，以及某種最基本的條件——「全體生命能夠在此居住」，就像生命在牠演化史中的此刻，投入、奉獻給我們的這樣。地球上的生命從來不渴望、也從來沒意志讓世界宜居：生物就只是單純對世界做了這樣的事。對我們而言宜居，是因為我們也廁身生物中，以牠編織裡的一條線之姿共同演化。

物和浮游植物……大規模鄉村人口外流的社會學形塑了我們與自然的關係，如果要談談這種關係，我認為是這樣的：這種關係是種失憶症，忘了誰在**生產**、並確保世界宜居。這樣的宜居不是為我們打造的、專屬於我們：這樣的宜居為的是我們也廁身其中的生物編織，畢竟世界只有一個。

糧食作物改種到遠離居民的地方、都市生活將食糧轉化為可用個體勞動賺來的通行貨幣交換的商品、農人的世界觀遭到貶低，所有這些機制都助長了我們的眼盲，看不見養育我們的環境正是世界的饋贈者與整治者。但根源還在更深更深的地方：根源在我們不僅是與食糧、而是與全體生物宇宙的關係，因為全體生物在無意識與無意圖間確保了地球對我們宜居。因為這座生物宇宙，我們與牠一起、在牠之中共同演化，所以適應了牠，是牠的創造，所以自然而然為牠充塞，畢竟我們所有不適應這世界的版本都消失了。我們如此淪肌浹髓屬於這個世界，仰賴這個世界，被這世界為了這世界而造，以至終於瞧見諾斯底主義的「我們不屬這世界」這句話有多癲狂，又是多麼深刻奠定了現代人與遭制定為和「人類」涇渭分明的「自然」的環境，一部分的關係。

為了將重要性還諸生物而開展一場文化戰鬥，一項關鍵因此在於，不是要「接近」自然，而是要提請注意，談到讓世界宜居，誰才是最重要的工人。不是我們，也永遠不會是我們。

人類是生物史上姍姍來遲的暴發戶，以不懈的野心征服了生物圈中所有主導地位，為其餘生物套上了勞動的鞍轡，要授粉者為蔬菜種植工作，要土壤動物群落為農業的肥力工作，要森林和海洋浮游植物負責生產氧氣。可是，這些非人類的勞動者相當沉默，不太參與政治，也不太提訴求，牠們沒有什麼抗爭與提出社會訴求的文化。牠們不是自身重要性最有力的辯護人。牠們沉默寡言，每天創造著奇蹟：土壤動物群落讓景致遍地生機，淡水沼澤森林（forêt alluviale）過濾水體，授粉者打造了春天。然而，牠們卻幾乎不抗爭。

因此，必須要有某些人類背叛自己身為資方的陣營，成為生物的工會代表（Délégué syndical du vivant）。「叛徒很難做，」吉爾．德勒茲（Gilles Deleuze）說，「因為那是創造。」他補充：「必須在背叛中失去自身的面貌、自身的認同。」[15]為了成為新的人類，無庸質疑得失去昔日從親緣、從編織中抽離出來的人類面貌。

生物的工會代表：發明這個奇異又不可或缺的職業的，是洛夫洛克。「我們的工會代言細菌、真菌和黴菌，也代言魚類、鳥類和動物這些後來的暴發戶，還有紮根在地的貴重木（arbre noble）[16]與低等植物。確實如此，所有活著的東西都隸屬我們工會，人類對牠們的星球、牠們的生命惡魔般肆意妄為，牠們義憤填膺。」[17]這是另一種思考人類學差異的方式：人類這種生物之所以與眾不同——與所有生命形式一樣，人類自有其獨樹一幟之處——不是因為他是至高創造（Création）的主宰與擁有者，也不是因為他是地球資源的總管，而是因為他是致力於全體宜居的工人，比別人還來得更有外交手腕一點，當仁不讓抗擊不公不義。「我們不是地球的管理者或主人，我們單純只是工會代表，因著我們的智識被選出來代言其他成員，代言我們星球上其他的生命形式。」[18]

於此，蜜蜂與人類不同之處在於，人類比蜜蜂稍微更會抗爭，雖說與人類相比，授粉者在打造所有生命形式共享的世界上要關鍵得太多太多。

洛夫洛克的隱喻強而有力，因為它挪動了焦點：從人類認知能力的角度而言，沒錯，人類無與倫比，這自不待言；但從蓋婭的角度，也就是以**對地球宜居的貢獻**、以為一個共同世界打造種種生命必需條件的角度來看，與浮游植物和蚯蚓相比，我們無足輕重。這就是關鍵的挪移之所在：從真正的生產——而不是「改良」的現代政治經濟所幻想的那種生產——的角度來看，生物量、豐饒與安全的真正生產者，不是我們以為的那些；不是現代人，不是整治人員，不是改良人員，不是我們。是人類以外的生物。這事悲哀之處在於，我們殺死牠們的時候，才會真正瞭解這件事——就在我們

15 德勒茲、克萊兒・帕內（Claire Parnet），《對話》（*Dialogues*），Flammarion, Paris, 1996, p. 56-57.

16 譯註：指森林或自然生態系中價值高、地位重要的樹種，在文化、經濟或生態面上不容忽視，如橡樹、栗樹、櫸樹，或臺灣的臺灣杉、臺灣扁柏、紅檜、牛樟等。

17 洛夫洛克，〈地球並不脆弱〉（The Earth Is Not Fragile），收錄於布萊恩・卡特利奇（Bryan Cartledge）編，《環境監測：1990-91年度的萊納克講座》（*Monitoring the Environment. The Linacre Lectures, 1990-91*），Oxford University Press, Oxford, 1992.

18 同前註。

系統性削弱牠們的生態功能，消除它，把它看得平凡無奇，把它變成不會改變的理所當然的時候。

工會代表對我們掛心的問題來說是個好隱喻，因為它是包括的：工會代表保護所有勞動者，包括他自己，他不是外人。當我們「保護自然」，人類世界落在我們保護對象之外；當我們捍衛的是人類也廁身其中的生物共同體，人類世界就落在我們保護的對象中。因此我們瞄準的對象不是「自然」，因為保護自然就把我們排除在外，不是以反人文主義（荒野崇拜的厭人類態度）、就是以超人文主義（驕傲自己是唯一拯救其他物種的道德物種）的方式，重演我們想解消的二元論。

因此，必須進行的哲學運動有兩個層次：當然，首先要讓生物重新住滿世界，展示生物與我們住的是同一個世界，來讓生物的身分從裝飾布景或資源庫轉變為共居者。而接下來——接下來真是驚心動魄——必須在我們日常的形上學與我們最系統性的實踐中，融入「牠們不只是居民，更為了我們也包括在內的**所有生物**，**打造了宜居的世界**」。如此一來，捍衛生物，捍衛跨物種的生活環境，就是捍衛世界之宜居。這是為了我們、也為了其他生物，因為我們只不過是與其他生物的編織。因為世界是同一個，織就我們的布料並無二致。

重掌局勢

將「保護自然」重新思考為捍衛生物編織富有實務上的意涵。確實如此，這代表將「保護自然」從保育專家與國家雙方的禁臠中解放出來。

公民社會強烈感受到這種取回主導權的需要，我們看見各種個人與集體倡議行動如雨後春筍繁生：收購森林、應當捍衛之地（ZAD）、反對農藥的鄉村抗爭……這方面，不同倡議行動都借助了私有財產權的手段，很能反映問題：私有財產權是能直接由土地所有人以及組織起來取得土地的團體操作的槓桿。我們得記住，法國近四分之三的森林屬於私人所有；必須動員起來的正是這些私人擁有者。與此同時不可或缺的，是捍衛法國國家林業局，讓它成為資源充足的強固公共服務，服務森林，服務對森林動能永續且非暴力的木材生產。然而這並不意味著這些倡議行動為私有財產權「及其世界」背書。將這些環境轉變為公共財產，不用透過財產權的花招就能把它們拿回來，確實是驅動這些倡議行動的哲學基礎，但目前仍然缺乏法律工具來繞過私有財產權並集體啟動公共財產。借助財產權回應了情勢十萬火急的心情，荒野生命保留區倡議行動之所以問世，主要就是因為這樣的情感。住進應當捍衛之地、建立公共財產、集體成為權利人，其實是同一個更廣泛的強大運動的三張不同臉孔，各有各的力量與不足：民主化，公民重新主導環境的照護。重新掌握對生物編織的捍衛。

公民重新接管，不代表國家可以退場：正相反，國家必須聽見對其行動不滿意的聲音，力求達到水準。同樣地，集體與個人透過非國家的倡議行動重新掌握，不應意味著公民放棄對公共政策的關注。這場戰鬥不只一條戰線。發起運動，民主地施壓，改善環境法，提升懲罰環境犯罪的能力，當然是如此重新掌握的一大軸線。但與此同時，我們也不會放任別人沒收對我們生活環境的照顧：我們是自我捍衛的生物。

單靠保育專家與國家保護自然，確實有種種重大缺陷：專家在保留區中有時會

「管理上癮」——為了保護環境而衝動地想整治一切。這如果是限於一地的技術,有時確是允當,但如果成為不由分說的衝動,那就淪為有問題的管理模式了。以至於自由演變的捍衛者不能再孤注一擲寄望自然空間保留區與它們的專家來保護環境。國家這邊呢,則勢必須要為了某些環境,與大家可能已經不想與之協商的角色(獵人、開採主義農業工會)進行多種土地使用者的協商。順此一提,這些角色擁有土地時,可不會與別人協商他們的土地使用方式呢。公民接掌生物編織的捍衛,因此是一場重大革命的開始,因為這接掌了一件原為國家壟斷的任務,而國家深陷與毀滅者的遊說團體嚴重的勾結裡。公民接手捍衛自己的生活環境,就會為環境保護產生無比強大的牽引力。如果成千上萬的土地權利人都動員起來,如果無數公民處處挺身保護小塊小塊的環境、小片小片的森林、一段段河流、一處處荒地、自家周遭的農業地帶免受殺蟲劑摧殘,環境照護就會煥然一新:人人都重新肯認自己編織在環境中,捍衛自己與自己的多重物種地景間的相互依存。這可以大規模扭轉局勢,同時更解決了舊日自然保護的根本矛盾:讓居民與他們的生物環境和解。

然而，這番言說並不是要把捍衛生物編織的種種不同模式對立起來：所有的照護模式都是盟友，只要它們打算重燃生之燼火（國家公園、自然保留區、公民與協會的倡議行動）。問題在於：如何將它們組織起來？這也不是一律否定國家在這些行動中的角色，不然就太不成熟了。公共政策與法律制定必須持續擔任捍衛環境的尖兵，也絕對不可放棄為選出能夠推進這些案子的代議士而奮戰。這邊批判的，是國家與專家對捍衛環境的壟斷；一個個市鎮首長就殺蟲劑問題與國家對抗，或是「應當捍衛之地」的鬥士占領一片沼澤時，如此的壟斷就已受到批判。弔詭的是，這兩種反抗運動是同一種運動大勢——重新接手捍衛我們的多重物種生活環境——的兩種面貌。

文化戰役

然而，為了讓每個人都能以織進其他生物的生物之姿，接手捍衛生物編織，對我們的自我表述發起一場文化戰役勢不可免。問題可以這麼提：我們與其他生物相互依存、親緣共享的論點已在我們的文化場域確立了，為什麼在集體注意力的視野、在「我們之為社會，最關心什麼事」的政治視野裡，生物卻沒有居於核心，而這種狀況，有時甚至連當代生態思想都無法倖免？這是因為，「身為生物」並不是我們對我們自身的文化概念的一部分。

再強調一次悖論是怎麼說的：演化與生態的種種力量創造了我們的身體與心靈，賦予我們所有快樂的力量、思考的力量、感受的力量、連結的力量，日復一日維繫我們的生命，（無意之間）確保了地球宜居，卻在我們的傳統中遭到貶低、隱蔽、輕描淡寫帶過去——而對牠們展現了哪怕最基本、最基本的感恩的人，卻被嘲笑是花朵好朋友、動物好朋友。這就是重大誤會之所在：藉著把對生物的敬意轉變為去政治化、愛做白日夢、滿心烏托邦、天真無知的「自然愛好者」之污名，我們的傳統進行了我們所能想像的最有成效的惡意併購，將人類集體從他的世界、他的家族、他的根源、他欣欣向榮的編織，也就是其他生物之中離間出去，拐入歧途。

這就是現代主流、特別是西方的哲學人類學的重大遺忘、重大誤解。生物被想成是世界萬物的其中一些，而非我們最深邃的身分認同。我們是眾生物中的生物，日復一日受生物動能塑造、灌溉。李維史陀絕妙道出，自然／人類二元論是我們文化建造的防禦工事，為的是掩蓋我們「與其他生命表現形式的原初默契（connivence originelle）[19]」。要在自覺是人類、現代人以前，首先自覺是與其他生物交織在一起的生物，就必須炸毀、爆破這道防禦工事。如此的二元論確實遮蓋了我們真正的身分認同、我們攸關生命的默契。這當然不是**全人類**文化、也就是所有文化的產物，而是**某種**文化的產物。脫離二元論因此並不代表捨棄文化、歸返自然（這樣的話，就讓二元論慢性病復發了）——而是創造**另一種**文化，如此的新文化並不遮掩、而是謳歌我們與其他生命表現形式的原初默契。這就是為什麼我們必須就生物問題打一場文化戰役。

弔詭的來了：要牽成一個保障**人類**福祉的未來，就必須讓我們的哲學人類學往「我們不再**首先**自我認同為人類」的方向轉變。為了人類的福祉——畢竟在將臨的各種危機中，人類福祉無疑是核心議題——必須認同自己首先是生物。一如為了每種膚色的福祉，我們也曾必須認同自己首先是人類，再來才是白或黑：選擇一個更大的整體來自我認同，以保護這個整體相互依存的多元。不過，此處的包含與種族主義問題上的包含不同：這裡並不是要把生物樹立為一個類別，凡屬此類別者皆在平等主義框架中為人。對我皮膚上的細菌、土壤動物群落、生物動能的種種行動者而言，一切平等問題的範疇都不適用：我們並非平等，也並非不平等——我們相互依存。我認為，真正切中核心的問題，是從生態系到族群再到個體的所有尺度中，成了爭議之所在的無數關係——我們彼此吞食、彼此干擾地活著——裡的，隨時制宜的顧念敬重。

為我們奠定基礎的生物世界，重要性遭到貶低、隱蔽；為了對此做出回應，借助集體而民主的研究調查來創造發明對各種生命形式隨時制宜的顧念敬重，完全不是在

19 「文化與自然的對立既非原始的事實，亦非世界秩序的客觀面向。我們應當將如此對立視作文化的人為創造，是文化在其周圍掘出的防禦工事，因為文化覺得，唯有切斷一切得以證明它與其他種種生命表現形式擁有原初默契的管道，它才能肯定自身的存在及自身的原創性。」李維史陀，《親屬的基本結構》，*op. cit.*, p. XVII，一九六七年版序言。

譯註：connivence originelle 亦不妨譯為「原初的水乳交融」，讀者可自行斟酌玩味。

召喚崇拜。像對恢復了超越性的對象進行宗教崇拜一般崇拜生物——沒有別的解方比這更不適合、更災難了。人文主義對所有或多或少看起來像人類必須仰賴的超越性對象，都有一種本能的厭惡。如此的厭惡部分有道理，部分有危害。人文主義把「除了人類，什麼都不崇拜、什麼都不敬重」視作義務，就怕又一次墮入外在偶像（自然、一神信仰的神……）的崇拜；人文主義明確看見自己從這些超越性對象中解放出來。只崇拜自己，自視為帶來解放的力量，正是現代人的根基情感。在某段時間、對某些奮鬥而言，這是個帶來自由的習慣，但將之推到極致並絕對化，就是一種異化了。這裡不是要呼籲進行某種對自然的崇拜，自然並不存在，而是要呼籲對我們內在與我們以外的生物力量報以天經地義的敬重，這意味著沒有其他崇拜，只有感激、信任、投桃報李，以及**不懈不休集體創造發明隨時制宜的顧念敬重**。換言之：沒有其他崇拜，只有針對削弱、摧毀這些生物力量的經濟與政治力量，挺身基進戰鬥。

這些經濟與政治力量的一個例子，我們已經看過，正是源自絕對化「改良」形上學、在歐洲透過歐盟共同農業政策得到體現的開採主義農業。它的基礎乃是「生產的形上學」。更普遍地說，敵人的一種主流面貌，顯而易見是當今各種資本主義機制，它們建基於不受限制、產能崇拜、只以成長為指標、生產主義式的開採主義、對各種不平等的認可之上。然而，這樣談還是太抽象了——必須深入探究每種情境，以在盤根錯節的實踐與制度中，細膩辨明生物編織的敵人，從而讓真正可以有效瓦解它們的種種楨桿浮現出來。

這場戰鬥之中，我們不是孤身面對被一竿子打成「自然」的其餘世界的某個物種：面對我們與其他生物共享的世界遭到劫掠，我們與牠們並非面對面，而是肩並肩。為了編織與捍衛這個世界的宜居，我們數不勝數，一如燎原燼火。

謝辭

我想感謝以下人士對本文進行的寶貴校閱：Frédérique Aït-Touati、Sarah Vanuxem、Sébastien Dutreuil、Sébastien Blache、Aurélien Gros、Bruno Latour、Jade Lindgaard、Charles Stépanoff、Christophe Bonneuil、Pierre Charbonnier、Frédéric Ducarme。

感謝我的編輯：Anne-Sylvie Bameule的信任與善意；Aïté Bresson、Stéphane Durand和Baptiste Lanaspèze卓越的編輯工作；Actes Sud與Wildproject，兩個為本書攜手合作的，我珍愛的出版社。

感謝Alain Damasio不懈不休齊心斟酌用字遣詞，將他的友情注入本書，以活力為媒介和目標。

最後，要述說本書如何又一次受惠於Estelle Zhong Mengual的建築才華、組織力量、凌厲智慧，感謝這個詞太過渺小。我希望她在日常生活中感受到，我感激我們所共度的時光。我們在我的、她的、我們的計畫中共度了這些時光，為讀者織造了閱讀體驗；如此的體驗應會像一條河流，串起想法、論點與情感的珍珠，讓一切流淌，時而湍急，時而蜿蜒，時而激昂，流向生命之海，遠方。

Beyond
76
世界的啟迪

重燃生之燼火：

在人類世找回環境的自癒力

Raviver les braises du vivant : Un front commun

作者	巴諦斯特・莫席左（Baptiste Morizot）
譯者	林佑軒
副總編輯	洪仕翰
責任編輯	王晨宇
行銷總監	陳雅雯
行銷企劃	張偉豪
封面設計	陳恩安
排版	宸遠彩藝
出版	衛城出版 / 遠足文化事業股份有限公司
發行	遠足文化事業股份有限公司（讀書共和國出版集團）
地址	231 新北市新店區民權路 108-3 號 8 樓
電話	02-22181417
傳真	02-22180727
客服專線	0800-221029
法律顧問	華洋法律事務所　蘇文生律師
印刷	呈靖彩藝有限公司
初版	2024 年 10 月
定價	520 元
ISBN	9786267376706（紙本）
	9786267376683（EPUB）
	9786267376690（PDF）

國家圖書館出版品預行編目(CIP)資料

重燃生之燼火：在人類世找回環境的自癒力/巴諦斯特.莫席左(Baptiste Morizot)作；林佑軒譯. -- 初版. -- 新北市：衛城出版, 遠足文化事業股份有限公司, 2024.10
面；公分. -- (Beyond；76)（世界的啟迪）
譯自：Raviver les braises du vivant : un front commun
ISBN 978-626-7376-70-6（平裝）

1. 生態學　2. 自然哲學

367.01　　113013560

ACRO POLIS
衛城出版
Email acropolismde@gmail.com
Facebook www.facebook.com/acrolispublish